Fathia Eddhibi

Etude de faisabilité du champ ANDASOL sous les conditions Tunisiennes

Fathia Eddhibi

Etude de faisabilité du champ ANDASOL sous les conditions Tunisiennes

Etude technico économique

Presses Académiques Francophones

Imprint
Any brand names and product names mentioned in this book are subject to trademark, brand or patent protection and are trademarks or registered trademarks of their respective holders. The use of brand names, product names, common names, trade names, product descriptions etc. even without a particular marking in this work is in no way to be construed to mean that such names may be regarded as unrestricted in respect of trademark and brand protection legislation and could thus be used by anyone.

Cover image: www.ingimage.com

Publisher:
Presses Académiques Francophones
is a trademark of
International Book Market Service Ltd., member of OmniScriptum Publishing Group
17 Meldrum Street, Beau Bassin 71504, Mauritius

Printed at: see last page
ISBN: 978-3-8416-3514-3

Copyright © Fathia Eddhibi
Copyright © 2015 International Book Market Service Ltd., member of OmniScriptum Publishing Group
All rights reserved. Beau Bassin 2015

Je dédie ce travail

    A mon père

        Pour son soutien inconditionnel et pour son affection

A ma mère

        Pour ses sacrifices et pour sa grande sensibilité

A mes sœurs et mon frère

    Pour leur soutien moral

        A tout (e) mes ami(e)s

            A tous ceux qui me sont chers

Remerciements

Je remercie **ALLAH** le tout-puissant de m'avoir donné le courage, la volonté et ma patience de mener à terme ce présent travail.

J'exprime ma profonde gratitude à Monsieur **Amen Allah GUISANI**, professeur au Centre de Recherche des Technologies de l'Energie (CRTEn) pour son aide morale.

Je tiens à exprimer tous mes plus vifs remerciements à Monsieur **Mahmoud BEN AMARA**, maître assistant à l'institue de La Manouba, pour son excellent encadrement, pour tous les conseils judicieux qu'il m'a suggéré pour améliorer le contenu de ce mémoire et pour ses qualités humaines et scientifiques.
Vous m'avez largement bénéficié de votre expérience et votre savoir.

J'exprime mes vifs remerciements à Monsieur **Moncef BALGHOUTHI**, assistant au CRTEn, qui m'a aidée dans la réalisation de ce projet pour son sympathie et son esprit de collaboration.

Table des matières

Remerciements	**ii**
Table des figures	**vi**
Liste des tableaux	**x**
Nomenclature	**xi**
Introduction	**1**

Chapitre I : Etude Bibliographie..3
   1. Introduction..3
   2. Energie renouvelable..3
   3. L'énergie solaire...4
       3.1   Introduction..4
       3.2   Le plan solaire tunisien..5
   4. Les différents types de centrales solaires.......................................6
       4.1   Centrale à tour..6
       4.2   Concentrateur parabolique...7
       4.3   Collecteur linéaire de Fresnel..8
       4.4   Concentrateur cylindro-parabolique..................................9
       4.5   Comparaison entre les quatre technologies de concentration....................9
   5. Concentrateur cylindro-parabolique...11
       5.1   Description de concentrateur cylindro-parabolique............11
       5.2   Principe de fonctionnement..14
   6. Etat de l'art d'un concentrateur cylindro-parabolique....................16
   7. Avantages de concentrateur cylindro-parabolique........................18
   8. Problèmes de concentrateur cylindro-parabolique........................19
   9. Position de problématique..20

Chapitre II : La centrale solaire...21
   1. Introduction..21
   2. Position de soleil..21

Table des matières

    2.1   Coordonnées solaire azimutales..21
    2.2   Coordonnées horaires...22
    2.3   Problème du temps..24
3. Architecture d'un champ de concentrateur cylindro-parabolique...........................25
    3.1   Le champ de captation..25
    3.2   La tuyauterie..26
    3.3   Système de génération de puissance...26
    3.4   Stockage..27
4. Radiation solaire absorbée par le champ solaire..28
    4.1   Radiation directe normale...28
    4.2   Radiation horizontale diffuse..28
    4.3   Radiation horizontale globale...29
    4.4   Influence de l'atmosphère sur la radiation solaire....................30
    4.5   Calcul d'un angle d'incidence sur un plan quelconque.............32
    4.6   Angle d'incidence sur un concentrateur cylindro-parabolique..32
5. Analyse énergétique d'un champ solaire...33
    5.1   Etude analytique du collecteur..33
    5.2   Etude thermique du système de stockage.................................38
    5.3   Etude thermique de générateur de puissance............................38
6. Analyse économique d'un champ solaire..39
    6.1   Analyse préliminaire..39
    6.2   Evaluation du coût...39
    6.3   Perspectives de développement..40

Chapitre III : Simulation..41

1. Introduction..41
2. Présentation de l'outil de simulation..41
    2.1   Conditions préliminaires et données nécessaires......................41
    2.2   Définition de la technologie..42
    2.3   Définition de l'économie..43
3. Description de la technique étudiée..43
    3.1   Site de projet..44
    3.2   Description de la technologie...47

Table des matières

    3.3   Etude économique..50

Chapitre IV : Résultats et discussion..53

1. Introduction...53
2. Etude des paramètres météorologiques...................................53
3. Etude du rendement du champ solaire....................................57
       3.1   Analyse de rendement thermique....................................58
       3.2   Analyse de rendement électrique.....................................61
4. Etude économique...58
       4.1   Coût de construction..66
       4.2   Coût d'opération..67
5. Les résultats fondamentaux...70
       5.1   Les résultats techniques...70
       5.2   Les résultats économiques..71
6. Conclusion...74

Conclusion et perspective   **75**
Bibliographie   **77**
Annexe

Liste des figures

Chapitre 1

Figure 1.1 : la nébuleuse 4
Figure 1.2 : Les pays appartenant au concept DESERTEC 5
Figure 1.3 : Centrale à tour (Centrale solaire ABENGOA). 6
Figure 1.4 : Concentrateur parabolique (centre de recherche solaire Almeria Espagne : PSA) 7
Figure 1.5 : Collecteur linéaire de Fresnel (centre de recherche solaire Almeria Espagne : PSA). 8
Figure1. 6 : Champ de concentrateur cylindro parabolique ANDALOS 3 (Espagne)............... 9
Figure 1.7 : Plaque réfléchissante d'un CCP 11
Figure1. 8 : Tube sous vide de type HCE 12
Figure 1.9 : Support métallique 13
Figure 1.10: Système de poursuite solaire par contrôle de l'angle de collecteur 13
Figure 1. 11 : Système de poursuite solaire avec un senseur solaire sensible a la trace du l'ombre 14
Figure 1.12 : Production directe de la vapeur (DSG) 15
Figure1. 13 : Production de vapeur par l'huile thermique chaude 15
Figure 1.14: Installation du premier prototype à el Meadi 1910 16
Figure 1.15 : Interaction tube-tube(TypeSchottPTR70) 19
Figure 1.16 : Tube sous vide cassé (Tube absorbant HCE) 19
Figure 1.17: Localisation de la région de Tataouine. 20

Chapitre 2

Figure2.1 : La variation de la déclinaison 23
Figure 2.2 : Repère de la position du soleil 24
Figure 2.3 : Architecture générale d'un champ de capteur cylindro-parabolique (Andasol) .. 27
Figure 2.4 : Principe de fonctionnement d'un champ solaire 28
Figure 2.5: la DNI 29

Liste des figures

Figure 2.6 : La DHI 29
Figure2.7 : La GHI 29
Figure 1.8 : Appareil de mesure des composantes de la radiation solaire 30
Figure2.9 : Influence de l'atmosphère sur la radiation solaire 31
Figure 2.10 : Angle d'incidence 32
Figure 2.11 : Angle d'incidence sur un collecteur cylindro-parabolique 33
Figure 2.12 : IAM 35
Figure 2.13 : Effet de l'ombre pour deux rangées successives 35
Figure 2.14 : Les effets de bords .... **Erreur ! Signet non défini.**
Figure2.15 : Variation de la réflectivité causée par les salissures .. **Erreur ! Signet non défini.**
Figure 2.16 : Schéma de transfert thermique dans un système de stockage 38
Figure2. 17 : Le cycle de Rankine ....

Chapitre 3

Figure 3.1 : Définition de la technologie 42
Figure 3.2 : Schéma récapitulatif du Greenius 43
Figure 3.3: Les paramètres de la nation 44
Figure3.4 : Les paramètres géographiques 45
Figure 3.5 : Les valeurs de DHI prises par s@tel-light pendant les mois les plus ensoleillés (du mai à aout pendant les années 1996 à 2000) 46
Figure3. 6 : Les valeurs de GHI prises dans les mêmes conditions 46
Figure 3.7 : L'élévation du soleil en fonction de l'azimut solaire (s@tel-light) 47
Figure 3.8 : Les caractéristiques du collecteur ET 2 48
Figure 3.9 : Les paramètres du champ Andasol 49
Figure 3.10 : Calendrier du projet 51
Figure 3.11 : Les modes de financement 52

Chapitre 4

Figure 4.1 : La variation de la radiation solaire globale (GHI) le long d'une année (par semaine) 54

Liste des figures

Figure 4.2 : La radiation directe normale (DNI) en fonction du temps (par semaine)............ 54

Figure 4.3 : La variation de la DNI dans deux jours de mois de juin en fonction du temps (heure) dans la région de la Tunisie 55

Figure 4.4 : La variation de la DNI en fonction du temps dans la région d'Aswan................ 56

Figure 4.5 : La variation de la DNI en fonction du temps dans la région d'Espagne 56

Figure 4.6 : Les paramètres de sortie de Greenius 58

Figure 4.7: La quantité de chaleur à la sortie du champ en fonction de la DNI..................... 59

Figure 4.8 : Les valeurs mensuelles de l'efficacité thermique 60

Figure 4.9: Evolution de la quantité de chaleur totale en fonction du temps......................... 61

Figure 4.10 : Les paramètres de sorties données par le Greenius 61

Figure 4.11 : La variation de la puissance électrique en fonction du temps 62

Figure 4.12 : $W_{el,\,s}$ est fonction du temps (Tunisie) 63

Figure 4.13 : $W_{el,\,s}$ est fonction du temps (Aswan) 63

Figure 4.14 : $W_{els,\,s}$ est fonction du temps (Espagne)... 64

Figure 4.15 : La puissance électrique totale pour la région de la Tunisie............................... 65

Figure 4.16 : La puissance électrique totale pour la région d'Aswan 65

Figure 4.17 : La puissance électrique totale pour la région d'Espagne.................................. 66

Figure 4.18 : Puissance électrique générée pendant une année.. 67

Figure 4.19 : Les revenues de l'électricité pendant une année... 68

Figure 4.20 : Les revenues de l'électricité (tarif de l'électricité en Tunisie est 0,200 €/kWhe) 69

Figure 4.21 : Evaluation du coût pendant toute la durée de vie du champ 70

Figure 4.22 : La production électrique annuelle du champ.. 71

Figure 4.23 : La moyenne annuelle de l'efficacité du champ 71

Figure 4.24 : La durée de pleine charge durant toute l'année 72

Figure 4.25 : Taux de CO_2 émis par le champ durant une année 72

Figure 4.26 : La LEC pour les trois pays 73

Figure 4.27 : Le coût recueilli par le taux de CO_2 évité 73

Liste de tableau

Tableau 1.1 : Etude comparative de différentes technologies 10

Tableau 2.1 : Quelques champs à production de l'électricité du site de Kramer Junction 25

Tableau 2.2 : Les configurations possibles du connections des tuyaux 26

Tableau 3.1 : Localisation des projets étudiés 46

Tableau 4.1 : Localisation des pays étudiés 53

Tableau 4.2 : Résultats des rendements électrique et thermique données par le Greenius 57

Nomenclature

A_{eff}	Ouverture efficace du collecteur	m²
A_{net}	Ouverture nette du collecteur	m²
a_i, b_i	Paramètres empiriques	-
B_a	Rapport de dispersion vers l'avant	-
d	Distance	m
DHI	Radiation horizontale diffuse	W/m²
DNI	Radiation directe normale	W/m²
E_t	Production de l'électricité/an	W
f	Distance focale	m
F_t	Dépense de carburant/an	€
GHI	Radiation horizontale globale	W/m²
IAM	Modificateur d'angle d'incidence	
I_0	Radiation incidente (en dehors de l'atmosphère)	W/m²
I_t	Dépense d'investissement/an	€
l	Longueur	m
LEC	Coût de génération de l'électricité dans un intervalle de vie moyen	€/kWhe
m	Masse de l'air	Kg
M_t	Opération et entretien/an	€
n	Nombre de rangée	rangée
Q	Quantité de chaleur	MWh
$\dot{Q}$	Flux d'énergie thermique	W/m²
r	Facteur albédo	-
r^0	Taux d'escompte	-
T	Température	°C
W	Puissance électrique	MWhe
W_{col}	Largeur apparente	m
q	Quantité de chaleur	MWh

Nomenclature

$\dot{q}$	Flux de chaleur	W/m²

Lettres grecques :

α	L'azimut solaire	degré
β	La pente par rapport à l'horizontale	degré
γ	L'angle d'élévation solaire	degré
δ	La déclinaison	degré
ω	L'angle horaire	degré
φ	La latitude	degré
τ	Transmittivité	
θ	Angle zénithal	degré
$θ_i$	Angle d'incidence	degré
ρ	Angle de rotation (de poursuite)	degré
η	Efficacité énergétique	%
$η_{opt,0}$	Efficacité optique	%

Indice :

aér	Aérosol
amb	Ambiante
c	Ciel
char	Charge
col	Collecteur
cs	Champ solaire
dis_atm	Dispersion atmosphérique
dis_aér	Dispersion de l'aérosol
eff	Efficace
el	Electrique
f	Fossile
gainbord	Gain au niveau du bord

Nomenclature

inc	Incidence
min	Minimum
mol	Moléculaire
nua	Nuage
net	Nette
omb	Ombrage
opt	Optique
per	Perdue
per'	Perdue au niveau des tubes et des connections
prop	Propreté
rang	Rangé
Ray	Rayleigh
s	Solaire
ther	Thermique
t	Terre

Introduction

Le monde a vécu deux crises pétrolières successives en 1973 et 1980, les recherches ayant pour but de maîtriser l'énergie ne cessent d'évoluer.

De nos jours, la prise en conscience des dégâts des énergies polluantes et de la limitation de l'énergie fossile donne naissance à nombreux stratégies délicates qui s'intéressent à la maîtrise de la consommation de l'énergie.

Cette politique a mis comme solution alternative l'énergie renouvelable. Cette énergie doit couvrir nos besoins avec l'émission des rejets qui peuvent être tolérés et absorbés sans dommage par les cycles naturels.

La nouvelle stratégie doit être satisfaisante à l'enjeu énergétique et à l'enjeu environnemental en même temps. Et par conséquence elle ne peut pas ignorer l'utilisation de l'énergie renouvelable comme solution alternative, il s'agit d'une source d'énergie de substitution inépuisable et noble.

Dans ce contexte, et plus précisément dans le domaine de concentration de l'énergie, que s'inscrit ce projet de mastère qui a pour objectif d'étudier la possibilité d'implanter la champ ANDASOL (Espagne), afin de le comparer avec le champ existant et avec le même champ implanté dans un autre pays plus ensoleillé que la Tunisie.

Cependant, l'objectif de ce travail est l'étude du champ solaire à concentrateur cylindro-parabolique avec un système de stockage.

Notre travail met l'accent sur deux types d'analyses nécessaires pour l'implantation du projet, une analyse de point de vue énergétique décrivant tous ce qui concerne la quantité de chaleur, le rendement thermique et électrique... Et une analyse économique ayant comme but de planifier les coûts essentiels à l'implantation, au démarrage et même la progression du coût le long de la durée de vie du projet.

Nombreuses sont les recherches qui ont entamé l'analyse du champ à concentration solaire. Mais, pour notre cas : l'analyse d'un champ solaire à l'aide d'un logiciel Greenius est relativement nouvelle. Et par conséquence, sa bibliographie est très limitée.

Introduction

De ce fait, nous avons profité de ce logiciel pour faire une étude comparative d'un champ gardant tous ses caractéristiques, implanté dans trois pays différents du coté géographique et du coté météorologique, afin que nous puissions prédire son rendement tous le long de sa durée de vie.

Description du document :

Le présent mémoire sera alors scindé en quatre parties :

> ➢ Le premier chapitre est un chapitre introductif dont l'objectif est de présenter les différentes techniques de concentration de l'énergie solaire. Cette présentation met l'accent sur le concentrateur cylindro-parabolique, qui est l'unité structurale du champ étudié.

> ➢ Le deuxième chapitre sera consacré à la description de la centrale solaire, avec une méthode analytique, qui a pour but de détailler le comportement thermique de chaque composante.

> ➢ Une description du logiciel Greenius sera l'objet du chapitre trois. Il s'agit d'un traitement détaillé de tous les paramètres qui ont une influence sur le rendement du champ solaire dans chaque pays.

> ➢ Pour le quatrième chapitre, nous aborderons notre étude comparative selon les résultats données par le Greenius.

Et enfin, ce rapport sera achevé par une conclusion qui ne serait qu'un récapitulatif du tous le travail effectué et une présentation des perspectives que nous envisageons pour notre étude.

# Etude bibliographique

1. Introduction:

Dans le contexte global de l'amélioration des performances du concentrateur solaire. Il nous a semblé intéressant de commencer cette étude par un bref rappel sur les différentes sources d'énergie renouvelable, en mettant l'appui sur l'énergie solaire.

En suite, nous citons, par filière technologique, les principaux techniques permettant de concentrer l'énergie solaire, afin de mieux approcher les potentialités de chacune. Ainsi, en comparant mieux ces fondamentaux, cela nous a permis de comprendre les propriétés de concentration de chaque technologie et aussi ses limites.

La concentration solaire à l'aide du concentrateur cylindro-parabolique est la technologie la plus utilisée depuis la création du système de concentration.

Nous sommes attaché à décrire les différents composants du concentrateur cylindro-parabolique, en suite présenter un état d'art de ce type afin de nommer ses avantages et ses inconvénients.

2. Energie renouvelable:

Depuis plus d'un siècle, le monde connait un développement économique important accompagné par une croissance de demande d'énergie.

Les sources qui existent sont d'origine fossile (pétrole, charbon, lignite, gaz naturel...), elles sont limitées, elles provoquent plusieurs dégâts environnementaux par l'émission du CO_2, CH_4 et d'autres gaz qui sont à l'origine de l'effet de serre et du changement climatique.

Plusieurs pays ont donc recours à l'énergie renouvelable comme solution alternative.

Cette énergie est inépuisable, elle réduit les rejets des gaz à effet de serre, elle n'engendre pratiquement pas des déchets et des polluants.

L'énergie renouvelable admet comme origine plusieurs sources naturelles.

On cite à titre d'exemple:

- L'énergie éolienne : admet comme origine le vent, c'est une énergie diffuse, imprévisible et intermittente.
- L'énergie hydraulique : elle est très utilisée, elle admet comme origine les mouvements d'eau (les courants et les chutes d'eau). Cependant, tout le potentiel hydroélectrique mondial n'est pas encore exploité.

- Biomasse : est d'origine biologique mais elle engendre plusieurs dégâts comme la déforestation, et elle est intermittente à cause de renouvellement lent.
- Géothermique : cette énergie exploite la chaleur contenu dans la coûte terrestre et dans les couches superficielles de la terre.
- Energie solaire et photovoltaïque : elle a comme origine la plus grande source d'énergie techniquement accessible dans le monde entier et plus précisément dans les régions désertiques.

Plusieurs pays comme la Tunisie, sont intéressés par ce domaine. Ils ont aussi profité de leurs emplacements géographiques, leurs climats ensoleillés et l'existence des déserts étendus par l'implantation des centrales solaires thermiques.

3. L'énergie solaire :

3.1 Introduction :

Le soleil est une source d'énergie propre, et exploitable dans l'optique de la production de l'électricité. L'énergie solaire est peu dense, car le soleil émet des rayons d'une façon isotrope et dans toutes les directions. Donc il faut des technologies de concentration des rayons incidents pour qu'ils soient exploitables à l'échelle commerciale. Ces technologies sont relativement récentes avec un potentiel important de développement, ils ont presque le même principe de concentrer les rayons issus du soleil pour chauffer un fluide caloporteur, qui une fois traité, il produit de l'électricité. Il y a quatre grandes familles de technologie :

- Centrale à tour   - Collecteur linéaire de Fresnel
- Concentrateur parabolique   - Concentrateur cylindro-parabolique

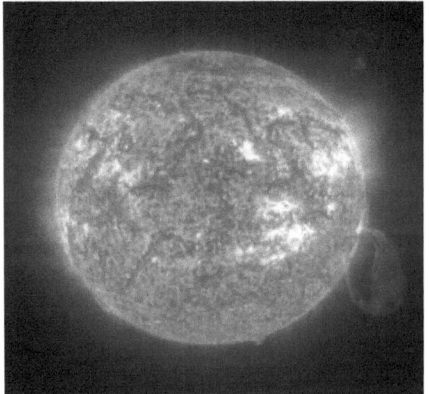

Figure 1.1 : La nébuleuse
(L'énergie solaire admet un potentiel énorme).

Vue l'importance de l'énergie solaire. La Tunisie, comme tous les pays pauvres en énergie conventionnelle, est inscrite dans les programmes mondiaux de l'énergie solaire.

3.2 Le plan solaire tunisien :

La Tunisie est située en Afrique du Nord, entre les longitudes 7° et 12° Est et latitudes 32° et 38° Nord [1] Le nord et la dorsale tunisienne bénéficie d'un climat méditerranéen, le sud connait un climat aride.

En ce qui concerne le potentiel solaire, la Tunisie admet un rayonnement moyen de l'ordre de 1600 kWh/m²/an au nord 2600 kWh/m²/an au sud, les heures d'exposition sont de l'ordre de 2700 h/an au nord et 3600 h/an au sud [2]. Ce potentiel important permet le développement du solaire dans le cadre des orientations mondiales.

La Tunisie, comme plusieurs pays, a mis son plan solaire. Ce programme a pour but de mettre les déserts et la technologie en service dans le domaine de l'énergie. Ce dernier s'inscrit comme une partie intégrante des deux programmes régionaux : le plan solaire méditerranéen et le concept Desertec. Ce programme offre une opportunité avantageuse pour les pays du sud.

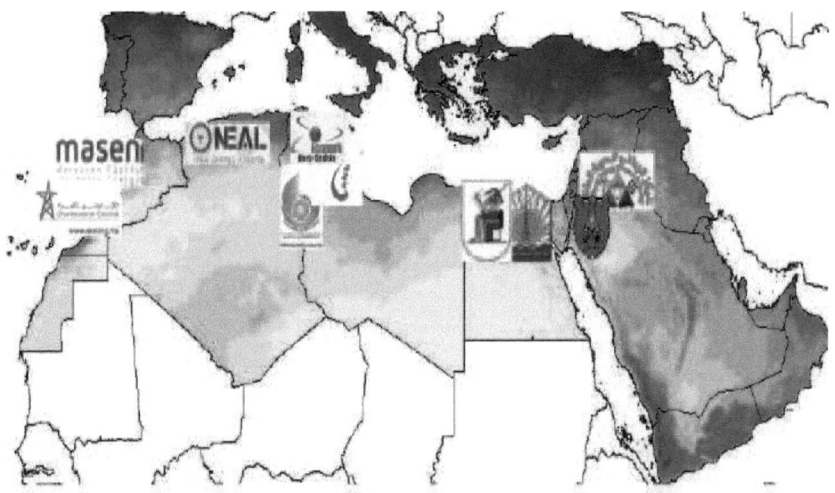

Figure 1.2 : Les pays appartenant au concept DESERTEC [3].

Vu que la Tunisie n'a pas encore construit des stations de concentration solaire (sauf un seul projet qui est en cours à d'El Borma). Nous présentons les différents types de concentrateurs solaires et les comparer avant de présenter le concentrateur le plus fiable.

4. Les différents types de centrales solaires :

4.1 Centrale à tour :

C'est une technique de concentration en un point. Il s'agit d'un champ d'héliostats localisés sur le sol autour d'une tour (figure 1.3).

Ces héliostats sont orientables afin suivre la course de soleil pour assurer la réflexion des rayons en un point focal (chaudière) situé au sommet de la tour, chaque héliostat traque les rayons solaires d'une façon individuelle et les réfléchit vers le receveur. Ce qui permet l'obtention des températures très importantes de l'ordre de 800°C à 1000°C nécessaire pour chauffer le fluide caloporteur qui peut être ; eau, air ou les sels fondus.

Les héliostats ont une forme plate ce qui pose la problématique de la résistance à la force du vent. Ainsi, l'existence d'un récepteur ayant une surface très limitée focalisée au sommet de la tour, d'une façon très éloignée des héliostats provoque l'augmentation de pertes des rayons réfléchis.

Et de point de vue économique, l'implémentation de ce type de concentrateur nécessite un large terrain et par conséquent un coût très élevé.

Figure 1.3 : Centrale à tour (Centrale solaire ABENGOA).

4.2 Concentrateur parabolique :

L'aspect de ce type semble beaucoup aux paraboles de réception satellite, mais avec des dimensions très importantes.

Les capteurs paraboliques admettent deux degrés de liberté pour suivre convenablement le parcours de soleil et pour concentrer le taux maximal de rayonnement solaire sur le moteur de Stirling qui existe au foyer de la parabole réfléchissante (figure1.4).

Ce type admet un bon rendement à cause de la courte distance entre le réflecteur et l'absorbeur d'où la diminution des pertes, aussi il peut être installé dans des endroits éloignés et non raccordé à un réseau électrique.

Et comme toute technique, cette dernière admet quelques inconvénients ; tel que le problème de la fatigue thermique du moteur de Stirling provoqué par la transmission de la chaleur d'une façon intermittente.

Figure 1.4 : Concentrateur parabolique (centre de recherche solaire Almeria Espagne : PSA)

4.3 Collecteur linéaire de Fresnel:

Cette technologie consiste à focaliser les rayons solaires linéairement sur un tube absorbeur. Le principe de fonctionnement réside dans ses réflecteurs qui peuvent s'incliner individuellement ou collectivement pour concentrer le maximum de radiations solaires vers un tube absorbeur (figure 1.5).

Ces réflecteurs sont compacts et linéaires formant des bandes parallèles ce qui facilite la fabrication de ce type et augmente sa résistance aux contraintes mécaniques dus à la poussée du vent.

Pour le collecteur de Fresnel, on a un miroir auxiliaire situé au dessus du tube absorbeur afin de minimiser les pertes, avec un tube récepteur qui n'est pas soumis à vide ce qui augmente sa durée de vie.

La limitation de ce type de collecteur réside dans le mouvement individuel ou collectif des miroirs plaques ce qui améliore les pertes des rayons réfléchis même après la correction par le miroir auxiliaire.

Figure 1.5 : Collecteur linéaire de Fresnel (centre de recherche solaire Almeria Espagne : PSA).

Chapitre I   Etude bibliographique

4.4 Concentrateur cylindro-parabolique :

C'est un capteur à concentration à foyer linéaire, ayant un réflecteur cylindrique de section parabolique (hémicylindrique). Ce concentrateur possède le même principe de fonctionnement du collecteur linéaire de Fresnel (figure 1.6).

Mais ce type est plus développé, et il domine clairement le marché avec un rendement important.

Figure1. 6 : Champ de concentrateur cylindro parabolique ANDALOS 3 (Espagne).

4.5 Comparaison entre les quatre technologies de concentration:

L'étude des quatre technologies existantes dans le domaine de concentration des rayons solaires nous conduit à faire une comparaison entres ces techniques différentes.

Cependant, en se basant sur les avantages et les inconvénients de chaque concentrateur nous pouvons donc déduire que le concentrateur cylindro-parabolique possède le meilleur rendement avec une fiabilité incomparable.

Chapitre I Etude bibliographique

Le tableau ci-dessous récapitule les caractéristiques de chacune des techniques traitées précédemment afin de donner quelques avantages et inconvénients.

	Concentrateur cylindro-parabolique	Concentrateur parabolique	Collecteur de Fresnel	Centrale à tour
Avantages	. Rotation selon une seule direction .Possibilité de stockage .Distance faible entre l'absorbeur et réflecteur .Réflecteur et absorbeur de même longueur .Surface plus simple a réalisé .Pertes thermiques très faibles au niveau du tube	.Possibilité de stockage .Distance entre réflecteur et l'absorbeur très faible	.Résistance au vent .Tube absorbant n'est pas soumis à vide .Possibilité de stockage	.Surface de captage très importante . Possibilité de stockage
Inconvénients	. Le tube est soumis à vide	.Fatigue thermique du moteur de Stirling .Rotation autour deux axes .Forme de réflecteur est difficile à réalisée . Coût très élevé	.Mouvement des miroirs .Maintenance difficile .Coût très élevé	.Tour très élevé (plus que 400m) . Héliostats non résistant au vent .Coût très élevé

Tableau 1.1 : Etude comparative de différentes technologies [4]

Nous pouvons conclure de ce tableau que le concentrateur cylindro-parabolique admet le meilleur rendement avec une fiabilité incomparable. C'est pour quoi, nous sommes attachés à traité ce type d'une façon plus détaillé.

5. Concentrateur cylindro-parabolique:

5.1 Description de concentrateur cylindro-parabolique:

Le concentrateur cylindro-parabolique est utilisé comme concentrateur des rayons solaires incidents à faible densité pour l'obtention des températures très élevées exploitables à la production de l'électricité. C'est un capteur à foyer linéaire, ayant un réflecteur cylindrique de section parabolique, il est constitué de:

a. **Un réflecteur:**

C'est une plaque métallique traitée pour assurer une bonne réflexion, ou bien des miroirs composés en verre pauvre en fer, recouvert sur sa partie inférieure par un film d'argent pour garantir une réflectivité très élevée (figure 1.7). Le verre est aussi couvert d'un enduit spécial pour le protéger.

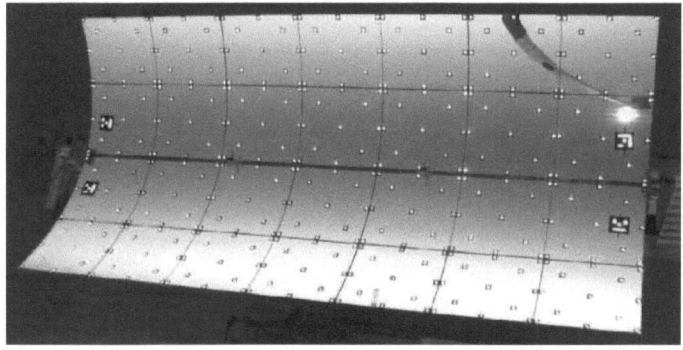

Figure 1.7 : Plaque réfléchissante d'un CCP [5]

b. **Tube récepteur :**

En faite ce sont deux tuyaux coaxiaux et de même longueur ; Un tube absorbeur métallique (acier), où circule un fluide caloporteur. Ce tube est couvert d'une enveloppe sous vide, en verre peu fusible, pour assurer son isolation de milieu extérieur et limiter les pertes par convection et par rayonnement. Ce tube est aussi un bon absorbeur, il absorbe la majorité des rayons incidents et évite leurs réflexions (figure1.8).

Chapitre I   Etude bibliographique

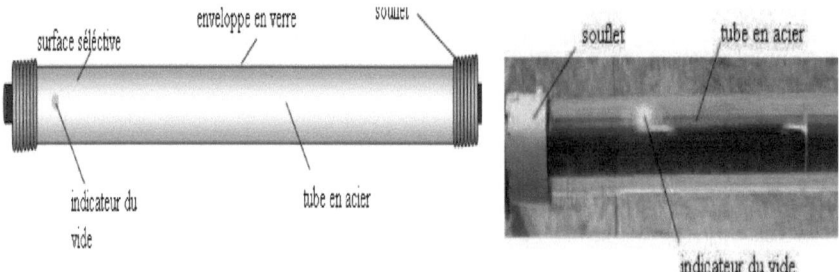

Figure1. 8 : Tube sous vide de type HCE [6]

c. Un support métallique :

Le support maintien la forme générale du collecteur, il doit être aussi compatible pour assurer la compression et la détente du composants suite au changement de la température, sans la destruction de système (figure 1.9).

Figure 1.9 : Support métallique [7]

d. **Système de poursuite de soleil** :

Pour que les rayons se concentrent sur le tube récepteur et chauffent le fluide caloporteur, il faut qu'ils soient toujours perpendiculaires à la surface réfléchissante. D'où l'utilisation du système de poursuite (moteur pas à pas), qui sert à adapter l'inclinaison du capteur à l'angle d'incidence désiré

Chapitre I   Etude bibliographique

Il existe deux types de mécanisme de poursuite de la course solaire:
- Une poursuite du soleil par la méthode de contrôle de l'angle de collecteur (figure 1.10).
- Une poursuite du soleil en utilisant une sonde (senseur solaire) qui est sensible à la trace de l'ombre (figure 1.11).

Ces deux techniques sont raccordées à une partie commande qui sert à corriger l'angle incidente à celle désirée.

Aussi les données géographiques et horaires du champ sont introduites dans la partie commande.

Enfin, ce moteur peut être commandé manuellement pour atteindre la position optimale.

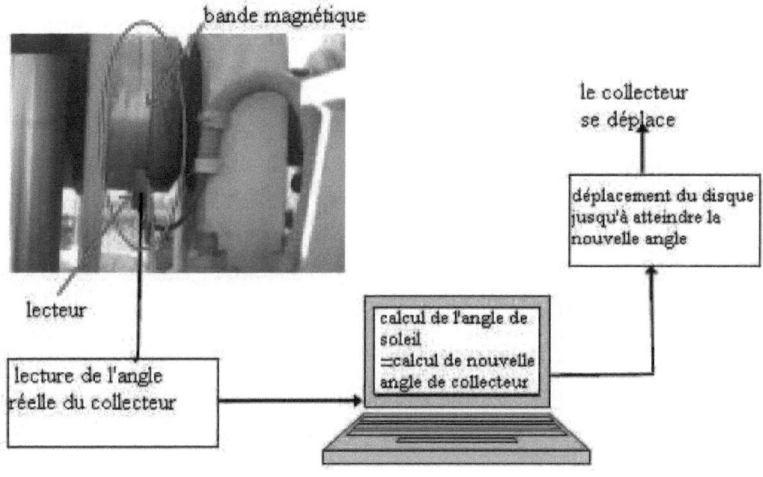

Figure 1.10: Système de poursuite solaire par contrôle de l'angle de collecteur [6]

Chapitre I — Etude bibliographique

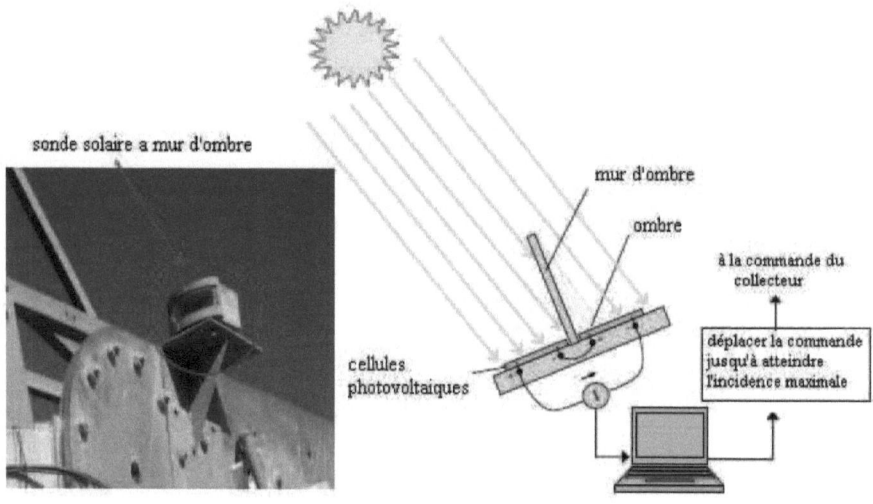

Figure 1. 11 : Système de poursuite solaire avec un senseur solaire sensible a la trace du l'ombre [6]

5.2 *Principe de fonctionnement* :

Cette technologie de concentrateur consiste à utiliser directement les rayons solaires incidents sur un tube absorbant en verre sous vide où existe un fluide caloporteur. Ce fluide (généralement l'eau ou l'huile de synthèse) est chauffé à une température environ 400°C. Ensuite il est pompé à travers des échangeurs conventionnels afin de produire de la vapeur surchauffée, qui actionne un turbo générateur électrique. Nous pouvons donc distinguer deux processus de fonctionnement :

- Production directe de la vapeur (DSG) (figure 1.12).
- Production de la vapeur à travers la circulation de l'huile thermique (figure 1.13).

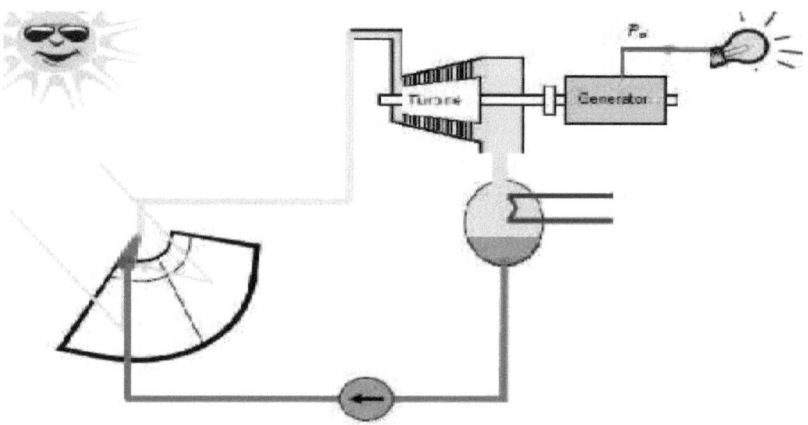

Figure 1.12 : Production directe de la vapeur (DSG) [6]

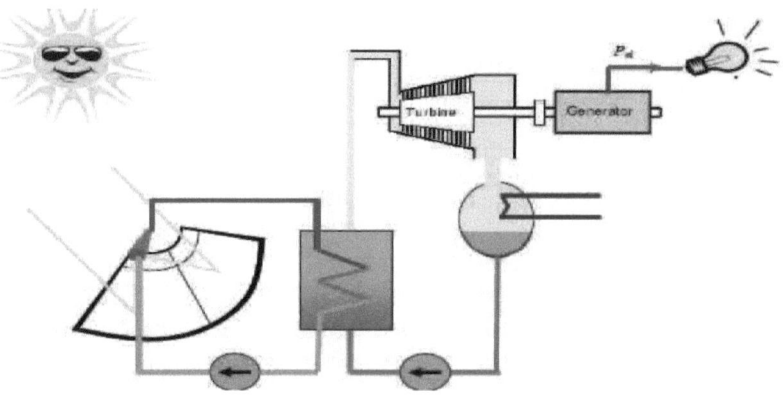

Figure1. 13 : Production de vapeur par l'huile thermique chaude [6]

| Chapitre I | Etude bibliographique |

6. Etat de l'art d'un concentrateur cylindro-parabolique:

L'étude de concentrateur cylindro parabolique a commencé depuis un siècle. Charles Vernon Boys, Franck Shuman ont été les premières qui ont construit une centrale thermo solaire à grand échelle, avec une puissance de 55 chevaux, en 1910 à el Meadi en Egypte (figure 1.13). Mais la première guerre mondiale, a donné naissance à une nouvelle ère. C'est l'ère du pétrole donc l'énergie solaire n'été plus intéressante et des projets n'ont pas vécu aucun développement.

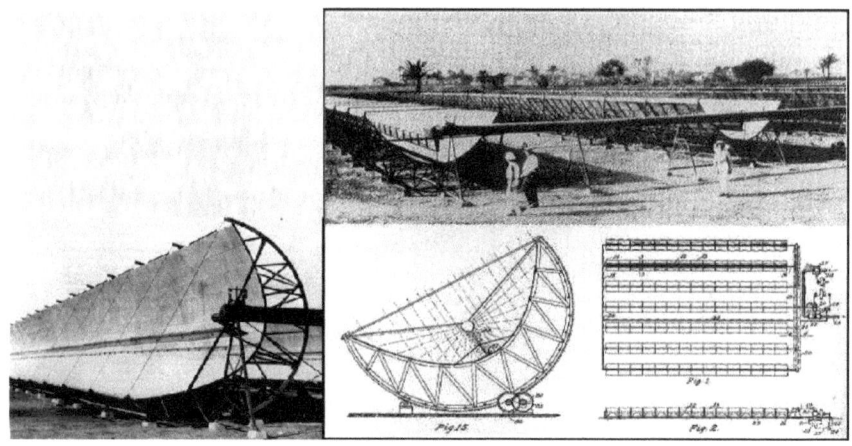

Figure 1.14: Installation du premier prototype à el Meadi 1910 [8]

A la fin de la deuxième guerre mondiale, la terre a souffert des problèmes environnementaux et le défi de diminuer les gaz à effet se serre et des autres polluants ont pris naissance.

Et par conséquence, plusieurs pays ont recours à l'énergie solaire d'où la révolution des technologies de concentrateur solaire telle le cas de concentrateur cylindro parabolique.

A ce titre, l'étude de cette technologie attire l'attention des auteurs et a fait l'objet de plusieurs travaux.

Dès les années soixante, le concentrateur cylindro-parabolique a été le sujet de beaucoup de recherches. Nous citons à titre d'exemple quelques études, tel que le cas de M.H.Cobble et al [9] qui ont testé expérimentalement la possibilité de la modification de la géométrie et son impact sur le taux de concentration, ils ont démontré que cette concentration est fonction de l'ouverture et qu'elle est relative aux géométries des cibles. Dans le même sens, Parmpal Singh et al [10] ont analysé les performances du concentrateur cylindro-parabolique de point de vue quantité d'énergie captée afin de construire un prototype capable d'être mis autour de deux axes, avec la possibilité de modifier la distance focale relative, la concentration théorique et le débit de fluide caloporteur.

Les années quatre-vingts, ont vécu la naissance des idées pour les centrales solaires dans le désert Libyen suivi par le Club de Rome d'où la succession des travaux sur le domaine de l'énergie solaire. Cependant plusieurs études ont été réalisées ayant comme but l'amélioration des performances des types existants. Le traitement inclus tous les composantes du concentrateur comme l'absorbeur qui a été une fois plan. Cette idée est réalisée par D.L.Evans [11], il a montré que le taux de concentration maximal varie proportionnellement avec le sinus de l'angle d'ouverture. Et une fois petite taille, T.C.Kandpal et al [12] ont déterminé la plus petite taille possible qui est capable de capter tous les rayons réfléchis.

Aussi, le tube absorbant a été traité par K.Ravi.Kumar et al [13]. Et le moteur pas à pas qui sert à la poursuite de la course solaire, il était l'intérêt de plusieurs chercheurs tels que N.Nijegorodov et al [14], et A.Gama et al [15] et même le problème de stockage qui a été traité par J.L.B Marcotte [16].

Cependant, plusieurs auteurs ont étudié les performances de quelque type de concentrateurs existants tel que le type M.A.N, analysé par Ahmed Hagaza [17] au cours de sa thèse. Ainsi S.Kalogirou s'est intéressé par le type Ashare standard 93 [18], et A.Fernàndez Garcia et al [19] qui ont classifié d'autres types de concentrateurs cylindro-parabolique construits et commercialisés au cours du siècle passé. Aussi, il existe des travaux à grande échelle tel que l'analyse des champs solaires qui été effectué par Giampaolo Manzolini et al [20].

Le système à production de la vapeur a été l'intérêt de plusieurs recherches. Une étude de la possibilité de produire de l'électricité d'après le système à production de la vapeur été mise par A.Almanza et al [21]. Ainsi, d'autres études de simulation ont été tenues compte par G.C.Bakos et al [22], S.Zunft et al [23] et A.Thomas [24].

Ceci facilite l'applicabilité de système étudié dans différents domaines on cite à titre d'exemple la génération du courant électrique cité par A.Almanza et al [21], et Helmult Kleib et al [25].

Et le domaine de la production de chaleur industrielle traité par J.A.Clarck [26], et S.Kalogirou [27], ainsi que, le dessalement solaire des eaux analysé par L.G.Rodriguez et al [28]. Dans ce même sens M. Balghouthi [29] s'est intéressé à l'utilité du capteur cylindro-parabolique dans le domaine de la climatisation et enfin Richard Patela [30] a étudié le cuiseur solaire cylindro-parabolique.

Et on n'oublie pas les méthodes numériques qui ont été utilisé plusieurs fois afin de traiter ce type de concentrateur. A.Farouk et al, Ya Ling He et al [31, 32] ont simulé ce type de capteur à l'aide de la technique de trace raies. Ainsi, Thomas H.Kuelm [33] a utilisé la méthode de différence finie en 1D et Iván Martinez [34] en 2D. D'autres programmes et logiciels sont aussi à la disposition de la simulation numérique du capteur cylindro-parabolique tel que le TRANSYS qui a été traité par A.Gamma [35], le diagramme de Sankey traité par S.Kalogirou [36]. Et enfin, Ya Ling He [37] a eu recours à la méthode de volume finie et la méthode de Monte Carlo.

Ces diverses études ont donné naissance à un concentrateur cylindro-parabolique très fiable avec un bon rendement et qui satisfait à des critères bien définies. Et par conséquence la fondation de plusieurs concepts, en 2003 le projet TREC (Coopération Méditerranéenne d'Energie Renouvelable), qui a pour but de s'assurer que la demande d'énergie de la région d'EUMENA est fourni par un coût efficace.

En 2008, la fondation du concept DESERTEC qui sert à la production et à l'exportation de 7000 TWh/a. Et en 2010, la naissance d'une initiative industrielle DESERTEC (Dii) et TRANSGREEN (complémentaire à Dii).

7. *Avantages de concentrateur cylindro-parabolique:*

Le développement des composants de concentrateur cylindro-parabolique cherchant la réduction des coûts et l'amélioration de l'efficacité, résulte un concentrateur fiable avec un bon rendement.

Le réflecteur admet une réflectivité spéculaire élevée, l'enveloppe en verre aussi a une bonne transmissivité, la distance focale est courte avec un récepteur et un collecteur de même longueur pour minimiser les pertes et assurer l'arrivée de tous les rayons réfléchis vers le tube absorbant sans stigmatisme, en plus les pertes thermiques de récepteur et des tuyaux sont très faibles. Tous ces facteurs se rassemblent pour assurer la rentabilité et l'efficacité du concentrateur cylindro-parabolique.

Enfin, ce type de concentrateur peut fonctionner sans intermittence grâce à un système de stockage de chaleur.

8. *Problèmes de concentrateur cylindro-parabolique:*

En premier lieu, les tubes récepteurs (en acier) sont les composants les plus fragiles dans la structure du concentrateur cylindro-parabolique, car ils sont soumis sous vide (figure 1.14 et 1.15). Ce dernier est à l'origine des cassures de tubes dans la majorité des installations solaires.

Ce problème est dût à la dilatation et la contraction des matériaux utilisés, et aussi au vide, existant entre les deux tubes coaxiaux qui augmente la probabilité de la cassure.

Figure 1.15 : Interaction tube-tube (Type Schott PTR70)

Figure 1.16 : Tube sous vide cassé (Tube absorbant HCE)

En second lieu, l'exposition de concentrateur solaire sous forte ensoleillement et dans des conditions climatiques sévères (la poussière, la grêle, l'humidité, le sirocco…) entrainent la dégradation des matériaux utilisés.

Cette dégradation été le sujet de plusieurs recherche tel que l'étude de Maria Brogren et al [38], qui ont montré l'effet indésirable du climat sur la plaque réfléchissante.

Chapitre I Etude bibliographique

Ils ont traité cette plaque avec une couche protectrice afin de démontrer que l'exposition en plein air pendant 1 an provoque une diminution de la réflexion totale spéculaire de presque 1%, ainsi que l'emplacement 2000h dans la chaleur humide et un rayonnement solaire simulé de 1000W.m^{-2} résulte un changement des propriétés optiques et une dégradation de la couche protectrice sous l'effet du rayonnement UV et des températures très élevées.

Malgré, tous ces inconvénients le concentrateur cylindro-parabolique admet le meilleur rendement. Ce qui explique notre choix d'étudier un champ solaire à capteur cylindro-parabolique.

9. Position de problématique :

Notre étude s'intitule dans le même concept, c'est une simulation numérique, ayant comme but de traiter la possibilité de l'implantation du champ ayant les mêmes dimensions que le champ Andasol dans notre pays, et plus précisément dans la région de Tataouine. Cette simulation est une comparaison de la rentabilité du champ dans trois pays différents ainsi que la comparaison de point de vue économique.

Le choix de cette région n'est pas arbitraire, en faite il est basé sur plusieurs critères. Cette région est localisée au sud tunisien, sous fort ensoleillement avec une radiation solaire importante, son climat est désertique (T moyenne est de 22°C) avec un sol sableux. Cependant, son superficie est étendue sur la majorité du Sahara tunisienne avec une densité de population assez faible (≈ 4hab/km²) ce qui facilite l'implantation des centrales solaires.

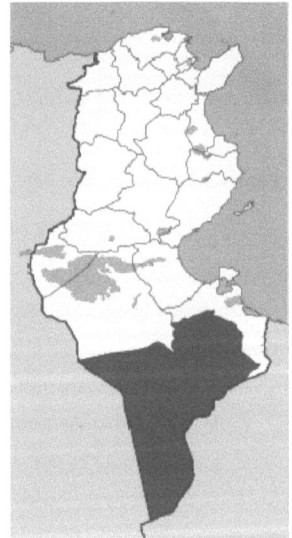

Figure 1.17: Localisation de la région de Tataouine.

Chapitre II   la centrale solaire

La centrale solaire

1. Introduction:

Sous le titre "la centrale solaire", nous avons commencé ce chapitre par un petit rappel sur les coordonnées utilisés dans le traitement de la position du soleil.

Ensuite, nous avons mentionné les composantes d'un champ à concentration et les paramètres d'entrée dans le but d'effectuer une analyse énergétique de tous ses constituants.

Enfin, il nous a semblé intéressant de donner une étude brève sur l'évaluation du coût d'un champ solaire.

2. Position du soleil:

Le soleil est une source de chaleur et de lumière, il émet un flux de rayonnement constitué d'une large gamme d'ondes électromagnétiques avec des longueurs d'ondes différentes. Ces dernières sont responsables au transport d'énergie.

Notre terre est en mouvement autour du soleil et autour d'elle-même, nous pouvons traduire ce mouvement par la variation de la position du soleil.

D'abord, nous identifions une sphère (fictive) dite céleste décrite par le mouvement écliptique de la terre.

Aussi, nous pouvons repérer la position du soleil par l'intermédiaire d'un système de coordonnées solaire azimutales et un système de coordonnées horaires.

2.1 Coordonnées solaire azimutales:

Il s'agit d'un système de coordonnées locales, définie en un point de la surface de la terre, le Zénith est identifié en un point imaginaire localisé au dessus de la tête de l'observateur (figure 2.2), par conséquent le Nadir est situé au dessous de ses pieds. Cependant, l'angle entre l'axe (Zénith-Nadir) et l'axe (Nord-Sud) est fonction de la latitude.

Nous avons définir le système de coordonnées comme suit:

$\overrightarrow{OX}$: Vers le sud

$\overrightarrow{OY}$: Vers l'ouest

$\overrightarrow{OZ}$: Perpendiculaire au lieu, vers le haut

Soit un cercle centré sur l'observateur passant par le Zénith (respectivement par le Nadir) et le pôle Nord (Sud) est appelé le méridien de l'observateur.

- L'angle d'élévation solaire (γ): C'est l'angle entre le plan horizontal et l'axe passant le centre de soleil.
- Azimut solaire (α): Par convention elle est comptée positivement vers l'ouest et négativement vers l'est.

Calcul approximatif de l'Azimut solaire [39]:

$$\cos\alpha = \frac{(\sin\varphi\sin\gamma) - \sin\delta}{\cos\varphi\cos\gamma} \quad (2\text{-}1)$$

Avec : φ : est la latitude et δ : est la déclinaison (ils sont définis au dessous).

2.2 Coordonnées horaires:

Les angles définis précédemment sont variables au cours du temps, donc nous définissons le système de coordonnées horaires.

$\overrightarrow{OX'}$: Vers le pôle nord et parallèle à l'axe de rotation de la terre.

$\overrightarrow{OY'}$: Vers le ouest.

$\overrightarrow{OZ'}$: ∈ $(\overrightarrow{OX}, \overrightarrow{OZ})$ et perpendiculaire à $\overrightarrow{OZ}$.

Nous définissons les coordonnées angulaires tels que :

- La déclinaison (δ) : C'est la latitude du lieu quand le soleil est au Zénith (à midi solaire). La déclinaison est variable en fonction de saison (figure 2.1), elle est de l'ordre de

  δ= -23,45°   au solstice d'hiver (21 décembre)
  δ= 23,45°   au solstice d'été (21 juin)
  δ= 0°   aux équinoxes (21mars, 21 septembre)

Cette variation peut être calculée par l'équation [39]:

$$\delta = 23,45° * \sin\left[\frac{360}{365} \times (284 + n)\right] \quad (2\text{-}2)$$

Avec n est le numéro de la journée compté à partir du 1er jour (n=1 pour le premier janvier et n=365 pour le 31 décembre).

Chapitre II   la centrale solaire

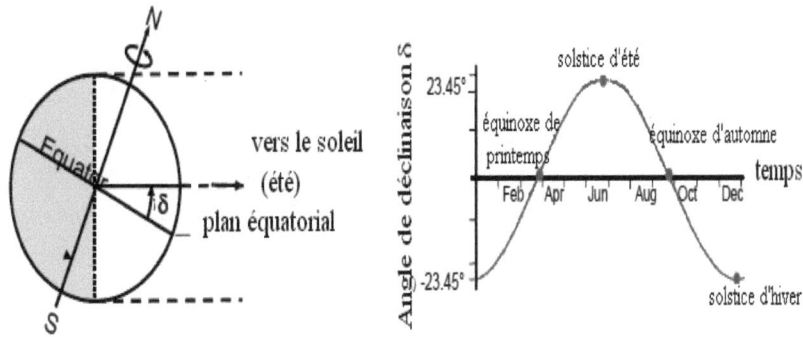

Figure2.1 : La variation de la déclinaison [39]

- Angle horaire(ω): décrit le temps solaire en terme trigonométrique (figure 2.2), ω a eu naissance à cause de la rotation de la terre, cette angle est égale au déplacement angulaire du soleil de la méridien locale.

L'angle γ est fonction de la latitude φ, δ et ω par l'intermédiaire de l'équation suivante [39]:

$$\sin \gamma = \sin \varphi \sin \delta + \cos \varphi \cos \delta \cos \omega$$

(2-3)

Avec
$$\begin{cases} \delta \succ 0 \text{ Pendant le jour} \\ \delta \prec 0 \text{ pendant la nuit} \\ \delta = 0 \text{ au lever et au coucher du soleil} \end{cases}$$

Chapitre II   la centrale solaire

Toutes les coordonnées sont récapitulées dans la figure si dessous:

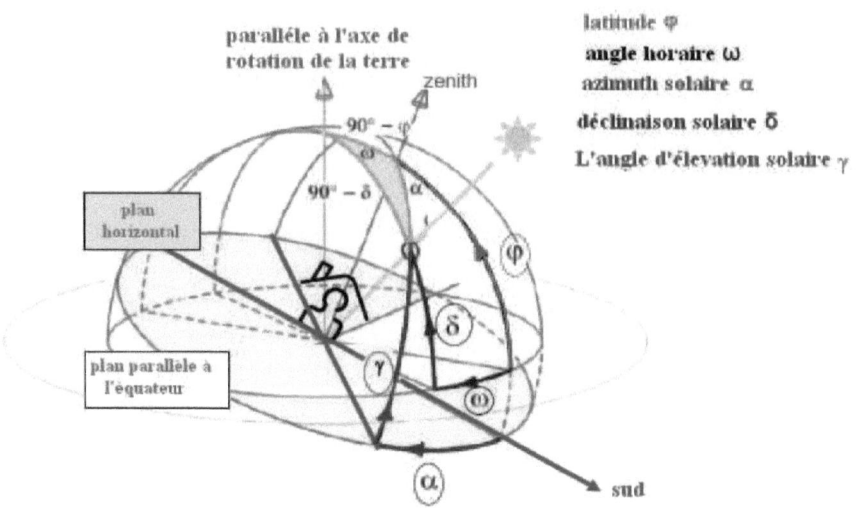

Figure 2.2 : Repère de la position du soleil [39]

2.3 Problème du temps:

La durée d'une journée est variable, ce qui pose un problème du temps. Cette variation est dût a plusieurs causes, d'une part au parcours elliptique de la terre autour du soleil, d'autre part au faite que la vitesse en hiver est plus grande qu'en été et enfin à l'inclinaison de l'axe de la terre par rapport au plan écliptique.

Nous définissons la différence entre le temps solaire et le temps moyen local par [39]:

$$E = \text{temps solaire} - \text{temps moyen local}$$

Avec
$$E = 9,87\sin(2B) - 7,53\cos(B) - 1,5\sin(B)$$
$$B = 360° \frac{(n-81)}{364}$$

(2-4)

n : numéro de la journée de l'année

\# Chapitre II   la centrale solaire

3. Architecture d'un champ de concentrateur cylindro-parabolique :

D'une façon générale, une installation d'une centrale à capteur cylindro-parabolique est constituée de quatre parties:

3.1 Le champ de captation:

Le concentrateur cylindro-parabolique est l'unité qui construit ce champ. Le champ solaire est la partie réceptrice de la centrale ; c'est un ensemble de collecteurs connectés en série sous la forme de ligne qui sont à leurs tours connectés parallèlement. Les lignes sont orientées dans la direction nord-sud avec un système de poursuite solaire dans la direction est-ouest.

Les dimensions du champ solaire sont fonction de la puissance désirée et de la température du fluide caloporteur à la sortie (tableau 2.1)

Champ	Année de commencement	Capacité du champ	Température d'approvisionnement	Technologie du collecteur	Taille du champ
III	1987	30MW	349°C	LS-2	230,300m^2
IV	1987	30MW	349°C	LS-2	230,300m^2
V	1988	30MW	349°C	LS-2/LS-3	250,560m^2
VI	1988	30MW	390°C	LS-2	188,000m^2
VII	1989	30MW	390°C	LS-2/LS-3	194,280m^2

Tableau 2.1 : Quelques champs à production de l'électricité du site de Kramer Junction [40]

Avec:
LS-2 et LS-3 sont des différentes générations du concentrateur cylindro-parabolique (Luz) :
- LS-2 est de 50m de longueur et de largeur d'ouverture de 5m.
- LS-3 est de 100m de longueur et de largeur d'ouverture de 5,75m.

Chapitre II   la centrale solaire

3.2 La tuyauterie:

C'est le circuit du fluide caloporteur, les tuyaux doivent être connectés d'une façon que ceux de la sortie, soient le plus courts possible, afin de réduire au maximum les échanges avec le milieu extérieur.

Il existe plusieurs configurations possibles:

Type de configuration	Installation à retour direct	Installation à retour indirect	Installation à alimentation centralisée
Avantages	Les pertes de charge sont ± importantes	Les pertes de charge sont équilibrées pour chaque rangée	La longueur totale des tuyauteries est diminuée
Inconvénients	Le déséquilibre entre les pressions à l'entrée et à la sortie	La longueur totale de tuyauteries est légèrement augmentée	
Montage			

Tableau 2.2 : Les configurations possibles du connections des tuyaux [4].

3.3 Système de génération de puissance:

Le système le plus célèbre est le cycle de Rankine, il s'est traduit comme suit ; un fluide caloporteur (huile synthétique) transporte la chaleur du collecteur vers la chaudière, là où l'eau s'évapore. Ensuite la vapeur va subir une détente dans la turbine, une condensation, et une compression et enfin elle va être renvoyée dans l'évaporateur.

Ce cycle n'a eu lieu si et seulement si la température de la vapeur à l'entrée de la turbine est supérieure à 300°C, ce qui nécessite un champ de dimensions importantes.

Dans le cas des basses températures, il existe des systèmes de récupération de chaleur tels que ; le cycle Rankine organique, le cycle supercritique de CO_2 et le cycle eau/ammoniaque (H_2O/NH_3).

3.4 Stockage:

Pour le stockage, il y a deux types :
- Stockage à stratification (dans un seul réservoir)
- Stockage à deux réservoirs : il s'agit d'un réservoir chaud et l'autre froid. Les sels fondus vont être transférés entre les deux réservoirs afin d'accumuler l'énergie excédentaire.

1-champ de captation   2-les tuyauteries
3-générateur de puissance   4-le système de stockage

Figure 2.3 : Architecture générale d'un champ de capteur cylindro-parabolique (Andasol) [7]

Chapitre II   la centrale solaire

Le principe de fonctionnement d'un champ solaire est assez compliqué, nous pouvons le résumer en une simple conversion d'énergie solaire en une énergie électrique.

Ce principe est simplifié dans le schéma ci-dessous par l'identification du rôle de chaque composante.

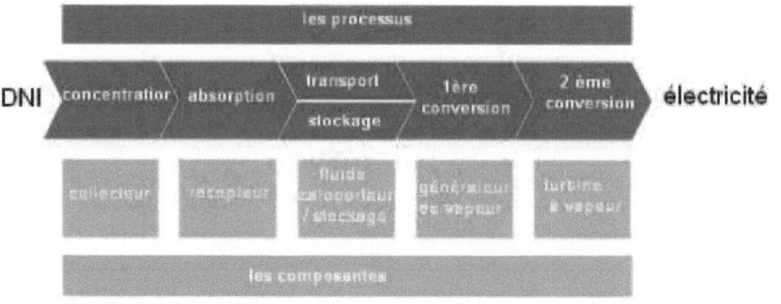

Figure 2.4 : Principe de fonctionnement d'un champ solaire [41]

Nous désignons par la DNI, la radiation solaire directe (définie dans la partie suivante)

4. *Radiation solaire absorbée par le champ solaire:*

Avant d'arriver à la surface de la terre, les rayons solaires traversent l'atmosphère. Ces rayons vont être atténués par des phénomènes de réflexion, de diffusion et d'absorption à cause de la densité atmosphérique, des molécules d'air et des gaz, de poussière...

Nous pouvons donc distinguer trois composantes de la radiation solaire :

4.1 Radiation directe normale DNI (Direct Normal Irradiance) :

C'est un flux des rayons issus de soleil, mesuré dans un plan normal aux faisceaux venant directement du centre de soleil en (W/m²). Pour assurer la fiabilité de mesurer, les appareils utilisées doivent avoir un système de poursuite afin d'obtenir l'angle d'incidence désirée (figure 2.5). Pour mesurer la DNI, l'WMO (World Meteorological Oraganization) a défini un angle d'ouverture de l'ordre de 2,5°.

Chapitre II   la centrale solaire

4.2 Radiation horizontale diffuse DHI (Diffuse Horizontal Irradiance) :

La radiation diffuse est causée par les rayons provenant de l'atmosphère avec l'exclusion de la lumière provenant directement du soleil (figure 2.6) en (W/m²). Cette radiation est mesurée dans un plan horizontal existant directement sur le sol.

4.3 Radiation horizontale globale GHI (Global Horizontal Irradiance) :

Cette radiation est mesurée dans un plan horizontal, elle admet comme origine l'atmosphère supérieur (figure 2.7). La GHI est fonction de DHI et DNI selon la relation suivante [39]:

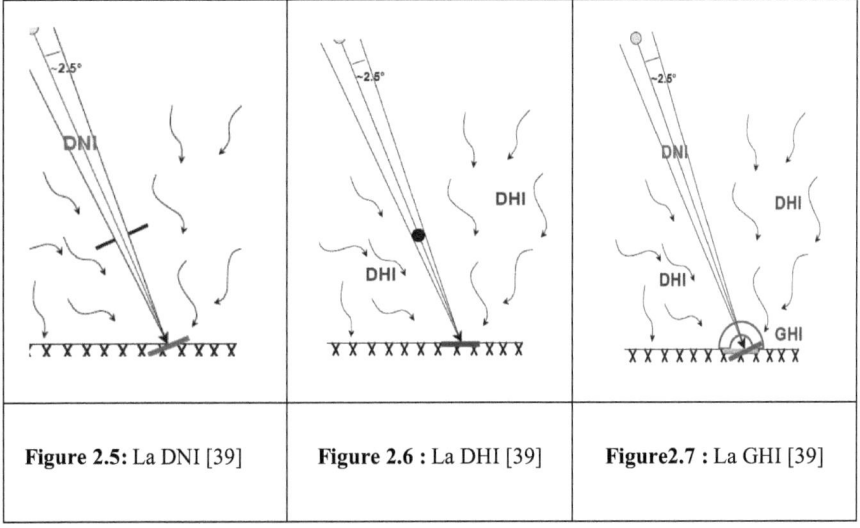

| **Figure 2.5:** La DNI [39] | **Figure 2.6 :** La DHI [39] | **Figure2.7 :** La GHI [39] |

GHI=DHI+DNI*sin (l'élévation solaire)   (2-5)

Ainsi, nous pouvons mesurer ces trois composantes de la radiation solaire à l'aide de l'appareil ci-dessous. Il s'agit d'un appareil avec une sonde thermique, constitué d'
- Un pyrhéliomètre pour mesurer les rayons incidents normaux (DNI).
- Un pyranomètre pour mesurer la puissance totale sur un plan horizontal (GHI).
- Un pyranomètre et une boule d'ombre pour la mesure de la DHI.

Chapitre II   la centrale solaire

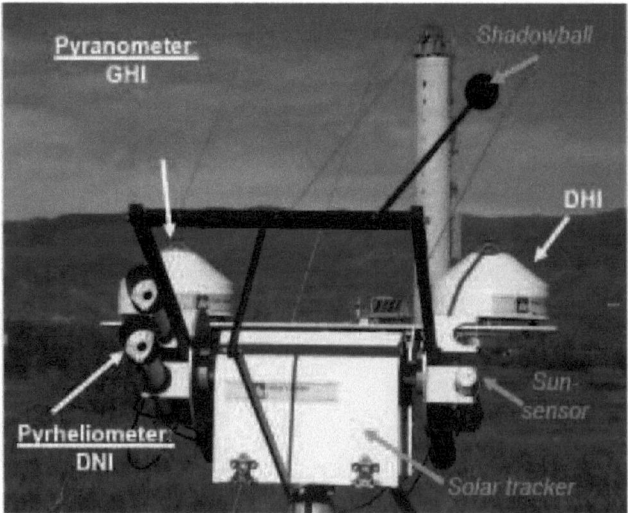

Figure 1.8 : Appareil de mesure des composantes de la radiation solaire [42]

4.4 Influence de l'atmosphère sur la radiation solaire:

L'atmosphère qui nous entoure est un mélange de plusieurs gaz, aussi il est lieu de tous les changements météorologiques.

En plus, le soleil existe à l'extérieur de l'atmosphère, par conséquent tous les rayons doivent passer par cette zone pour qu'ils puissent arriver au sol (figure 2.8).

Ces rayons sont affaiblis par absorption, par dispersion ou par réflexion, tel que : 1% des rayons incidents vont être absorbés par l'ozone, 15% sont dispersés et absorbés par les molécules d'air, 15% sont absorbés par la vapeur d'eau existant dans l'atmosphère et la plus grande partie de ces rayons est atténuée par les nuages.

Par conséquence, toutes les composantes de la radiation solaire sont fonction de ces paramètres [42]:

$$DNI = I_0 * 0,9662 \tau_{Ray} \tau_{O_3} \tau_{H_2O} \tau_{mol} \tau_{aér} \quad (2\text{-}6a)$$

$$GHI = (DNI * \cos\theta + I_{dis\_atm})/(1 - r_t r_c) \quad (2\text{-}7a)$$

Avec :

$$I_{dis\_atm} = I_0 \cos\theta * 0,79 * \tau_{O_3} \tau_{abs\_mol} \tau_{H_2O} \tau_{abs\_aér} *$$
$$\left[0,5(1-\tau_{Ray}) + B_a\left(1-\tau_{dis\_aéo}\right)\right]/\left[1-m+m^{1,02}\right] \quad (2\text{-}6b)$$

$$DNI = I_0(0,9662)\tau_{abs\_mol}\tau_{O_3}\tau_{Ray}\tau_{H_2O}\tau_{aér}\tau_{nua} \quad (2\text{-}7b)$$

Et :

- I_0 : Radiation incidente (arrivant de l'extérieur de l'atmosphère)
- τ_X : Transmittivité atmosphérique causé par les abrégés (X)
- θ : Angle zénithal
- r_Y : Albédo de la terre (t)/ du ciel (c)
- m : Masse de l'air
- B_a : Rapport de dispersion vers l'avant (=1 diffusion totale/=0,5 diffusion isotropique/ =0 diffusion arrière)

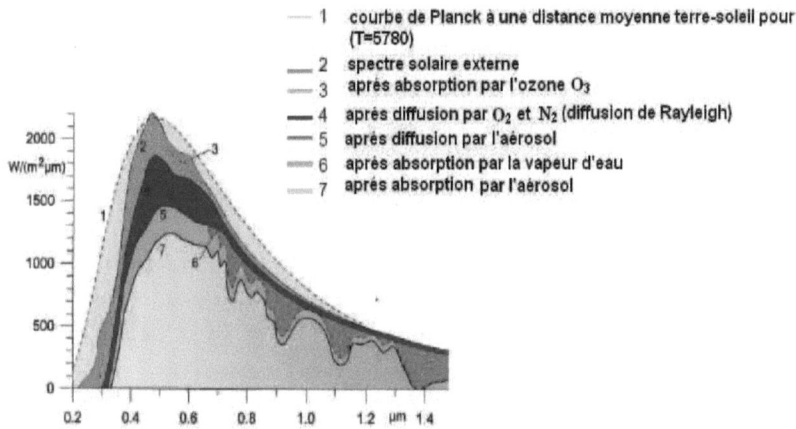

Figure2.9 : Influence de l'atmosphère sur la radiation solaire [39]

Chapitre II   la centrale solaire

4.5 Calcul d'un angle d'incidence sur un plan quelconque:

Pour un plan quelconque exposé sous un rayonnement solaire, caractérisé par sa pente β par rapport à l'horizontal (figure 2.9), nous avons calculé l'angle d'incidence θ par l'intermédiaire de l'équation suivante [39]:

$$\begin{aligned}\cos\theta =\ & \sin\delta\sin\varphi\cos\beta - \sin\delta\cos\varphi\sin\beta\cos\gamma \\ & + \cos\delta\cos\varphi\cos\beta\cos\omega \\ & + \cos\delta\sin\varphi\sin\beta\cos\omega\cos\gamma \\ & + \cos\delta\sin\gamma\sin\beta\sin\omega\end{aligned} \quad (2\text{-}8)$$

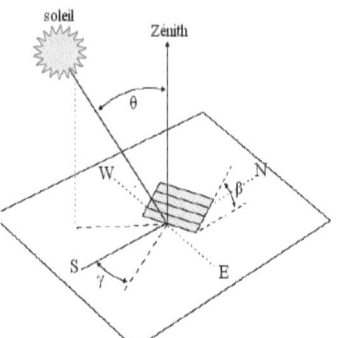

β : désigne la pente de la surface par rapport à l'horizontale.

Figure 2.10 : Angle d'incidence sur un plan quelconque [39]

4.6 Angle d'incidence sur un concentrateur cylindro-parabolique:

Les rayons solaires doivent être toujours normaux à la surface réfléchissante, pour qu'ils puissent atteindre le tube absorbant. L'angle incidente θ_i représente l'angle entre la radiation incidente et le plan normal à cette surface, elle varie suivant la course du soleil.

- Si le collecteur est orienté selon la direction Nord-Sud [41]:

$$\cos\theta_i = \sqrt{1 - \cos^2\alpha\cos^2\gamma}$$
$$\tan\rho = \frac{\sin\gamma}{\tan\alpha} \quad (2\text{-}9)$$

- Si le collecteur est orienté selon la direction Est-Ouest [41]:

$$\cos\theta_i = \sqrt{1 - \cos^2\alpha\sin^2\gamma}$$
$$\tan\rho = \frac{\cos\gamma}{\tan\alpha} \quad (2\text{-}10)$$

Chapitre II   la centrale solaire

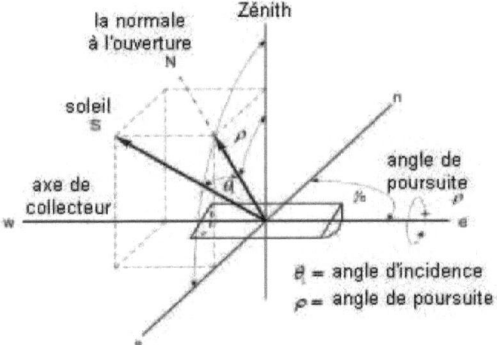

Figure 2.11 : Angle d'incidence sur un collecteur cylindro-parabolique [41]

5. Analyse énergétique d'un champ solaire:

Dans le cas du traitement énergétique d'un champ solaire. D'abord, il faut s'avoir tous les paramètres d'entrée qui ont une influence sur le rendement de champ ;

- Données géographiques: la précision de la position géographique d'un champ solaire résulte une précision de la valeur de DNI et d'autres valeurs météorologiques.
- Température ambiante: elle admet un impact sur le champ solaire et sur l'efficacité du générateur de puissance.
- La déclinaison.
- L'angle d'incidence.

5.1 Etude analytique du collecteur:

Le flux de l'énergie incidente est: $DNI * A_{eff}$

La procédure de calcul de bilan énergétique donnée par Angela M. Patnode [40] d'un collecteur est divisée en deux parties:

En premier lieu, le calcul de la puissance absorbée par le collecteur [41] :

$$\dot{Q}_{inc} = DNI * \cos(\theta_i) A_{eff} \eta_{opt,0} IAM(\theta_i) \eta_{omb} \eta_{bord} \eta_{prop}$$

(2-11)

Chapitre II   la centrale solaire

Avec:

$\dot{Q}_{inc}$	: Flux de l'énergie thermique solaire incidente
A_{eff}	: Ouverture efficace du collecteur
$IAM(\theta_i)$	: Modificateur d'angle d'incidence
η_{omb}	: Efficacité énergétique d'ombrage
η_{bord}	: Efficacité énergétique des pertes de bords
η_{prop}	: Efficacité énergétique de propreté

En second lieu, le calcul de la puissance efficace, elle est définie par la différence entre la puissance absorbée et celle perdue par convection et par radiation [41].

$$\dot{Q}_{eff} = \dot{Q}_{inc} - \dot{Q}_{per} \tag{2-12}$$

L'expression [41] de l'efficacité est donc :

$$\eta = \frac{\dot{Q}_{eff}}{DNI * A_{eff}} \tag{2-13}$$

Tous les paramètres existants dans cette équation sont traités d'une façon détaillée dans la suite:

- <u>Efficacité optique</u> : le faisceau de la lumière incident n'est pas totalement absorbé, seulement les rayons perpendiculaires vont être transférés, le faisceau est aussi atténué par les pertes au niveau de miroir puis au niveau de tube absorbeur.

Nous définissons l'efficacité optique selon la relation [41]:

$$\eta_{opt,0} = \frac{\dot{Q}_{inc,max}}{DNI * A_{net}} \tag{2-14}$$

- <u>IAM (Incident Angle Modifier)</u>: ce facteur est dût aux rayons incidents non perpendiculaires à la surface réceptrice.

De point de vue optique, le traitement des rayons incidents (figure 2.11) est le suivant :

> ➤ La forme d'un faisceau issu de soleil apparait comme un cône avec un angle α_d=16' [41].
> ➤ Le faisceau vertical incident va être réfléchi en donnant une image d'un cercle parfait (cas1).

Chapitre II   la centrale solaire

> Le faisceau vertical incident au bord de la surface réceptrice va être réfléchi sous une forme elliptique (cas2).
> Le facteur IAM augmente si les rayons incidents ne sont pas perpendiculaires à la surface du collecteur.

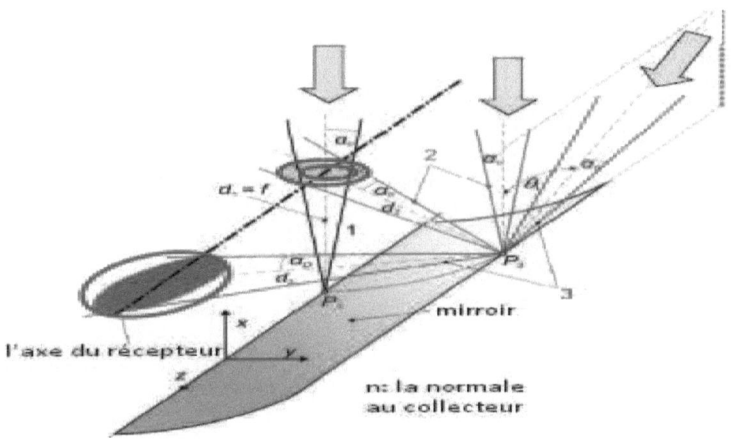

Figure 2.12 : IAM [41]

- Facteur d'ombrage : le champ solaire est sous forme de rangées parallèles, ces rangées sont la cause de l'effet d'ombre au début et à la fin de la journée (figure 2.12). Ce facteur a été traité plusieurs fois [43] afin d'identifier une distance idéale entre les rangées pour minimiser au maximum l'effet d'ombre.

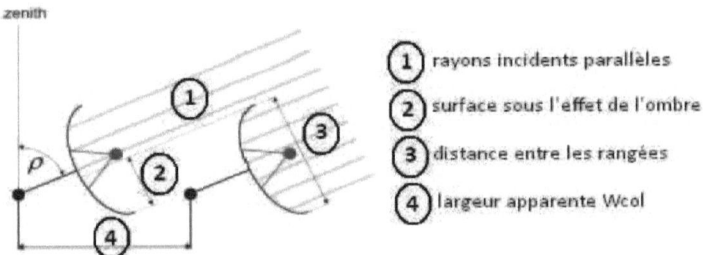

Figure 2.13 : Effet de l'ombre pour deux rangées successives [41]

Chapitre II   la centrale solaire

L'effet d'ombre est exprimé de la façon suivante [41]:

$$\eta_{omb} = 1 - \min\left(0, \frac{n_{rang}-1}{n_{rang}} * \frac{W_{col} - d_{rang} \cos\rho}{W_{col}}\right) \quad (2\text{-}15)$$

- **Effet des bords**: les pertes aux bords sont fonctions de la longueur focale du collecteur, de la longueur du collecteur et de l'angle d'incidence [41];

$$\eta_{bord} = 1 - \frac{f * \tan\theta_i}{l_{col}} + f_{gainbord}$$

$$f_{gainbord} = \frac{n_{col/rang} - 1}{n_{col/rang}} * \frac{\max(0, f * \tan\theta_i - d_{col})}{l_{col}}$$

$$(2\text{-}16)$$

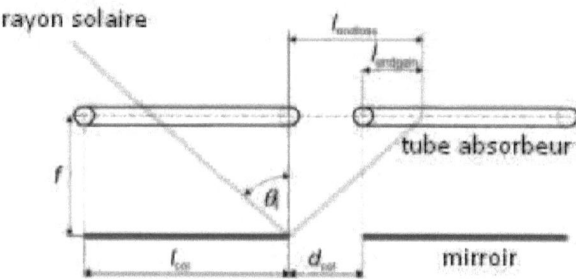

Figure 2.14 : Les effets de bords [41]

- **Facteur de propreté**: le concentrateur est exposé sous les conditions naturelles. La salissure des surfaces réfléchissantes réduit la réflectivité et par conséquent le rendement du collecteur.

Le collecteur doit être lavé par l'eau déminéralisée d'une façon régulière chaque semaine (de 5 à 7 jours).

Chapitre II   la centrale solaire

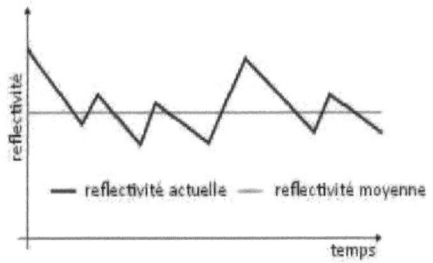 

lavage d'un collecteur (NREL)

Figure2.15 : Variation de la réflectivité causée par les salissures [41]

- Analyse des pertes au niveau du tube absorbeur:

Pour atteindre l'absorbeur, les rayons réfléchis doivent passer par une enveloppe de verre, du vide et par un tube en acier.

Le passage d'un milieu à un autre engendre la perte d'énergie. L'équation de perte est sous la forme d'un polynôme d'ordre 4 [41]:

$$\dot{q}_{per} = a_0 + a_1(T - T_{amb})^2 + a_3(T - T_{amb})^3 + a_4(T - T_{amb})^4 \qquad (2\text{-}17)$$

Avec a_n sont des paramètres empiriques.

Ainsi, nous pouvons conclure que les pertes de chaleur totale est :

$$\dot{Q}_{per} = \dot{q}_{per} * l_{col} \qquad (2\text{-}18)$$

- Efficacité thermique produite par un champ de collecteur :

L'énergie thermique produite par un champ de concentrateur est [41]:

$$\dot{Q}_{cs} = \begin{cases} \dot{Q}_{cs} \leq \dot{Q}_{cs,max} \rightarrow f * \dot{Q}_{eff} * n_{col,cs} - \dot{Q}_{per'} \\ \dot{Q}_{cs} \succ \dot{Q}_{cs,max} \rightarrow \dot{Q}_{cs,max} \end{cases} \qquad (2\text{-}19)$$

$\dot{Q}_{cs}$: Flux thermique d'un champ de collecteur.

$\dot{Q}_{cs,max}$: Flux thermique max qui peut être transmis au générateur de puissance.

$\dot{Q}_{eff}$: Flux thermique pour un seul collecteur.

$\dot{Q}_{per'}$: Flux thermique perdue au niveau des tubes et des connections.

$n_{col,cs}$: Nombre total de collecteur dans le champ.

f : Facteur de disponibilité de collecteur.

Chapitre II   la centrale solaire

Les pertes de chaleur dans tout le champ solaire [41]:

$$\dot{Q}_{per} = q_{per'} * A_{brut} * n_{col}$$

$$q_{per'} = q_{per',0} \frac{(T_{cs} - T_{amb})}{\Delta T_0}$$

(2-20a, b)

ΔT_0 : 320°C

5.2 Etude thermique du système de stockage:

Au cours de cette étude, nous devons tenir compte que le mode de stockage est devisé en deux phases : la phase de charge et la phase de décharge (figure 2.15).

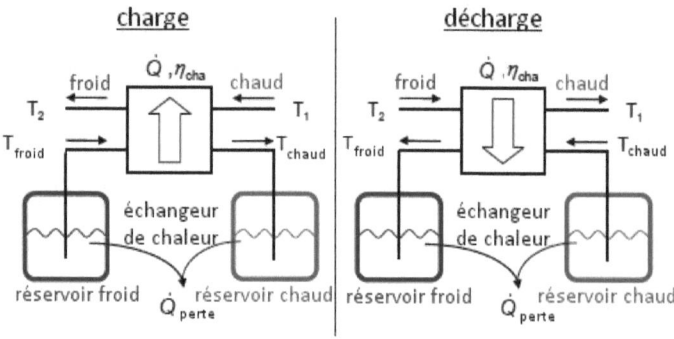

Figure 2.16 : Schéma de transfert thermique dans un système de stockage [41]

5.3 Etude thermique du générateur de puissance:

Le cycle étudié est le cycle de Rankine, ce cycle est devisé en quatre parties, comme indique la figure suivante:

- a-b : compression isentropique
- b-c : détente isobarique
- c-d : expansion isentropique
- d-a : condensation isobarique

Chapitre II   la centrale solaire

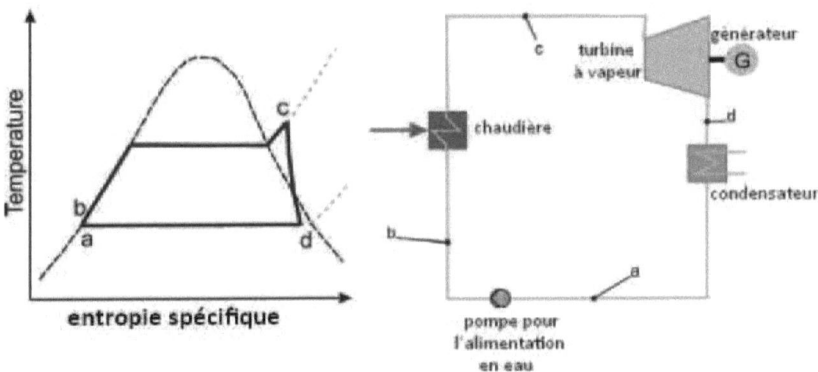

Figure2. 17 : Le cycle de Rankine [41]

Le générateur de puissance est toujours en mode opération. Dès que l'ensoleillement sera suffisant, le générateur rempli le stockage. Mais, pendant la nuit et le mauvais temps, l'opération de la génération serait nominale et prolongée jusqu'à ce que le stockage se vide.

6. Analyse économique d'un champ solaire:

Les champs solaires sont des projets à grand échelle, leurs installations nécessitent un grand investissement.

Dans le but de réduire au maximum les risques, plusieurs études économiques et techniques sont effectuées avant d'implanter le projet.

6.1 Analyse préliminaire:

Cette étude inclus, les premiers pas du projet c'est-à-dire tous ce qui concerne le site choisi ; l'analyse du sol, de la topographie, la nature qui l'entour, la pollution...

Ainsi que, l'évaluation de l'infrastructure utile pour notre projet ; réseau électrique, la connexion en eau, les routes...

6.2 Evaluation du coût:

Pour évaluer le coût du projet, plusieurs facteurs doivent être pris en compte:
- Le coût d'investissement: c'est une étude du choix des matériels existants sur le marché, de l'estimation de coût de l'implantation du projet afin de détailler un calendrier pour le chantier.

- Le coût d'opération et de maintenance: c'est une évaluation du champ dans la phase opératoire de point de vue maintenance, réparation, entretien du matériel et nettoyage des collecteurs…
- Le coût lié à l'utilisation de l'énergie primaire: l'énergie solaire nécessite toujours un taux d'énergie fossile complémentaire. Cette étude est une évaluation du coût de cette énergie utilisée en tenant compte de l'augmentation et la descente du prix mondial.
- Le coût environnemental: c'est une étude de simulation de taux d'émission de CO_2. Le technique étudié admet une source d'énergie propre ce qui résulte la diminution de l'émission des gaz polluants.

L'indicateur le plus utilisé pour les projets des centrales solaires est le LEC (Levelized Electricity cost), il s'agit d'une analyse économique d'un système produisant de l'énergie, elle contient tous les coûts existants au cours de sa durée de vie.

Elle peut être définie de la façon suivante:

$$LEC = \frac{\sum_{t=1}^{n} \frac{I_t + M_t + F_t}{(1+r)^t}}{\sum_{t=1}^{n} \frac{E_t}{(1+r)^t}} \quad (2\text{-}21)$$

LEC : Coût de génération de l'électricité dans un intervalle de vie moyen

I_t : Dépense d'investissement par ans (t)

M_t : Opération et entretien par ans (t)

F_t : Dépense de carburant par ans (t)

E_t : Production de l'électricité par ans (t)

r : Taux d'escompte

n : vie de système

6.3 Perspectives de développement:

La technologie des centrales solaires présente un potentiel de développement énorme, afin d'améliorer les performances des centrales existants par l'amélioration de la structure générale, l'amélioration des réflecteurs, des turbines, des systèmes de stockage,…

Simulation

1. Introduction:

Afin d'étudier l'influence de la localisation géographique sur le rendement du champ solaire, nous avons utilisé le logiciel Greenius. Ce logiciel, nous permet d'étudier le rendement et le coût d'un projet solaire. Ce qui nous facilite cette étude comparative.

2. Présentation de l'outil de simulation:

Greenius (Green energy system analysis) est un logiciel qui a été développé au centre aérospatial allemand (DLR). Les Dr Rainer Kistner, Winfried Ortmanns, Volker Quashing et Jïrgen Dersh ont appartenu à l'équipe de développement. La distribution et le service sont faits sous le permis de DLR.

Greenius est un environnement puissant de simulation pour le calcul et l'analyse des projets de l'énergie renouvelable (énergie solaire, énergie éolienne). Il offre une combinaison des calculs techniques et économiques détaillées nécessaires pour la planification et l'installation des projets de production de l'électricité.

Ce logiciel est relativement nouveau, sa bibliographie est un peut limitée. Certains chercheurs ont utilisé le caractère comparatif de Greenius. Volker Quasching a utilisé ce logiciel pour comparer les systèmes photovoltaïques et les systèmes de concentration solaire thermique, en se basant sur le développement du coût spécifique en fonction de l'irradiation globale, cette étude couvre 61 sites en Europe et au nord africain [44]. Dans le même sens, Volker Quasching à étudié la simulation d'un champ de concentrateur cylindro-parabolique de puissance 50MW [45], pour 50 sites choisis au hasard, il a traité son efficacité et sa production annuelle en fonction de DNI.

2.1 Conditions préliminaires et données nécessaires:

Pour définir l'emplacement d'un projet, nous avons eu recours à plusieurs paramètres afin de spécifier l'endroit, ceci inclut des paramètres géographiques, aussi bien que celles économiques telles que les coûts de la terre, le coût pour l'approvisionnement en eau, le tarif de l'électricité…

Chapitre III   Simulation

Ces paramètres peuvent être classés dans quatre groupes:
- Données spécifiques de nation: des données macro-économiques, taux d'inflation...
- Données spécifiques de l'endroit: contient des informations sur la géographie de l'endroit (latitude, longitude, altitude...), sur les propriétés de la terre et quelques données de l'infrastructure principalement sur le réseau électrique et le raccordement de l'eau.
- Données de la courbe de charge
- Données météorologiques: contient des informations sur les facteurs météorologiques qui ont une influence sur la technique de concentration des rayons solaires (DNI, DHI, GHI, humidité relative, direction et vitesse du vent...)

2.2 *Définition de la technologie*:

Le but de ce logiciel est de mettre en évidence les technologies renouvelables les plus importantes (système photovoltaïque, champ d'énergie éolienne, champ de concentrateur cylindro-parabolique, concentrateur parabolique...). Ceci permet à l'utilisateur de planifier son projet et de comparer les techniques possibles pour un endroit bien précis ainsi que les emplacements possibles pour une technique désirées.

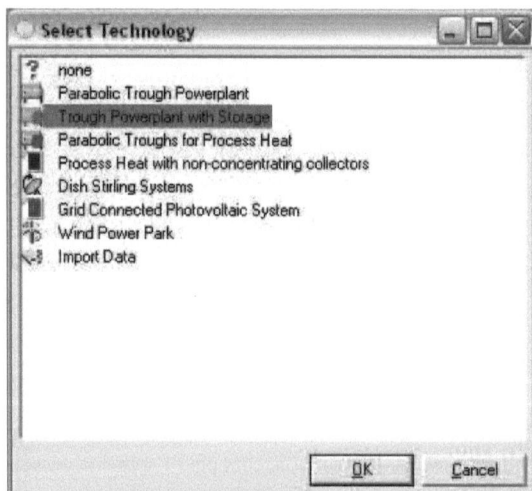

Figure 3.1 : Définition de la technologie

Chapitre III   Simulation

2.3 Définition de l'économie:

Les paramètres économiques sont employés pour estimer le coût du projet aussi pour calculer la marge de financement sur la vie entière du projet. Les coûts de système détaillés sont calculés par des paramètres spécifiques prédéfinis ou adaptés aux besoins du client, des charges de l'implantation, du coût additionnel de développement de projet, du coût de la terre et du coût de démarrage.

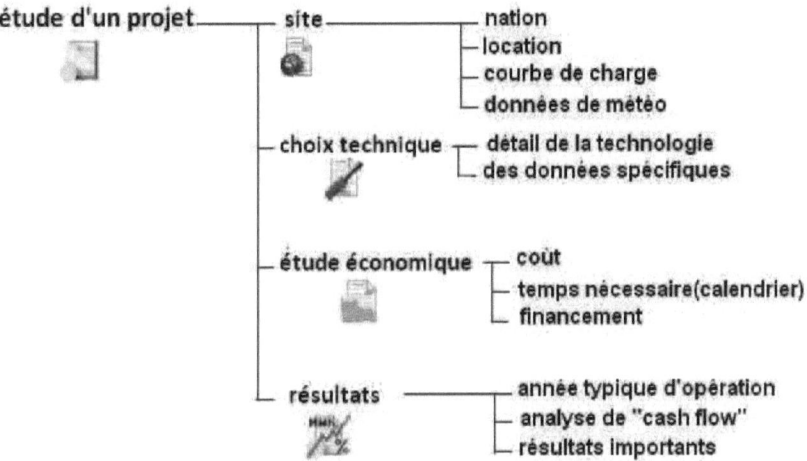

Figure 3.2 : Schéma récapitulatif du Greenius

3. Description de la technique étudiée:

Notre étude est une inspiration du plan solaire tunisien (présenté dans Ipemed News d'octobre 2009) [46]. Ce programme consiste à éviter l'émission de 1,3 millions de tonnes par ans de CO_2 et par conséquent de réduire la consommation de 100 millions de tonnes équivalent pétrole vers l'horizon de 2030.

L'ANME (l'agence nationale de maitrise de l'énergie) a déclaré que : "adhère de manière inconditionnelle à tout projet permettant de réduire sa dépendance aux énergies fossiles et recourir aux énergies propres et renouvelables."

Chapitre III   Simulation

Dans le même but, nous avons étudié la possibilité de l'implantation du champ Andasol dans la région du sud tunisien, en effectuant une étude comparative avec le projet père localisé en Espagne, et un autre champ inspiré de l'Andasol implanté dans un autre pays plus ensoleillé c'est Aswan (Egypte).

3.1 Site de projet:

- Nation:

Dans cette partie, nous avons déclaré tous les données économiques qui ont une influence directe sur l'implantation d'un champ du capteur solaire.

En Tunisie, le tarif de l'électricité déclaré par le STEG est de l'ordre de 0,07€/kWh, le tarif de l'eau est de 0,127€/m^3, ainsi que le prix de pétrole est de 0,14€/kWh avec un taux d'actualisation de 5%.

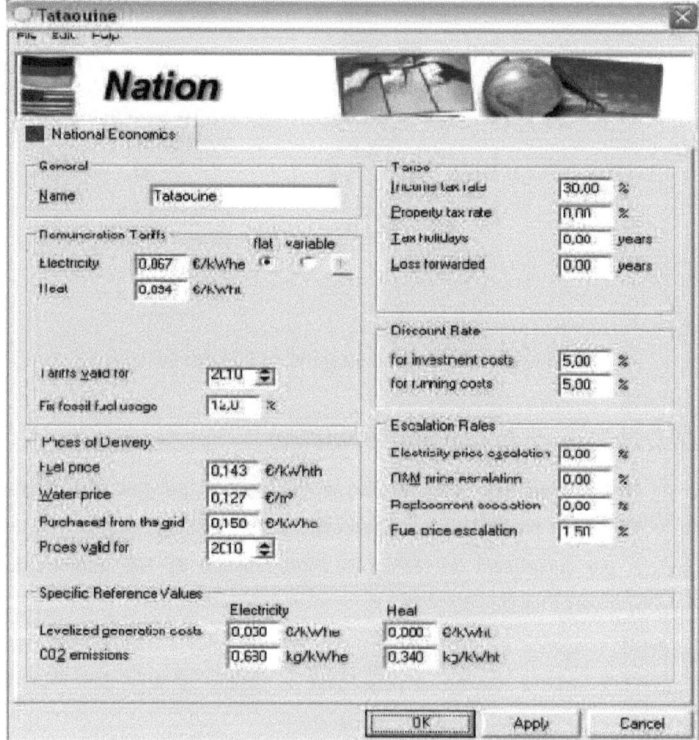

Figure 3.3: Les paramètres de la nation

Chapitre III | Simulation

Et en Aswan, le tarif de l'électricité donnée par (Egyption Electric Utility & Consumer Protection Regulatory) [47] est de 0,462 €/kWhe. Ainsi que le prix de pétrole de 0,181 €/kWhth.

Enfin, pour le cas de l'Espagne, l'électricité est aussi plus chère que celle en Tunisie, son tarif est de l'ordre de 0,270€/kWhe, le tarif de l'eau est 0,05€/m^3. Le prix de pétrole est de 0,05€/kWhth avec un taux d'actualisation de 1,8%.

- Location:

Il s'agit de déclarer les coordonnées géographiques du pays, la nature du sol et même la pente par rapport à l'horizontal.

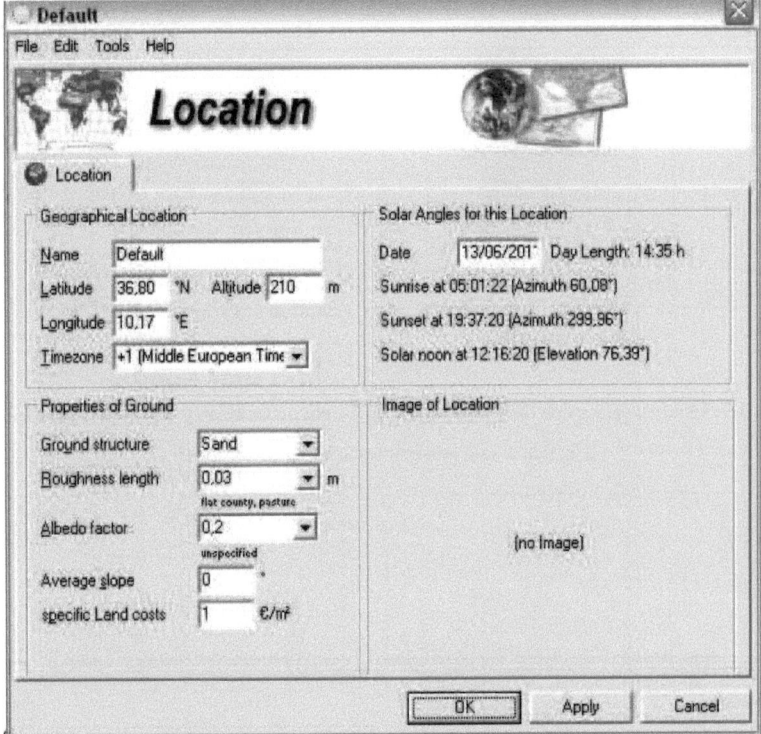

Figure3.4 : Les paramètres géographiques

Chapitre III   Simulation

Nous avons localisé nos projets selon les coordonnées suivantes :

Pays	Tunisie	Aswan	Espagne
Latitude (°N)	36,8	23,97	37,13
Longitude (°E)	10,17	32,78	-3,06
Altitude (m)	210	192	1100

Tableau 3.1 : Localisation des projets étudiés

- **Les données météo:**

Dans le Greenius nous n'avons pas trouvé une station météo qui répond à nos besoins. Et pour s'assurer que la station doit être le plus proche possible de notre projet, nous avons importé des données météorologiques à partir de s@tel-light [48].

Nous avons pu tirer que, la Tunisie admet une somme annuelle de GHI de l'ordre de 1815kWh/m², ainsi que 2035kWh/m² de DNI et 569kWh/m² pour l'irradiation diffuse (données valables pour l'année 2000).

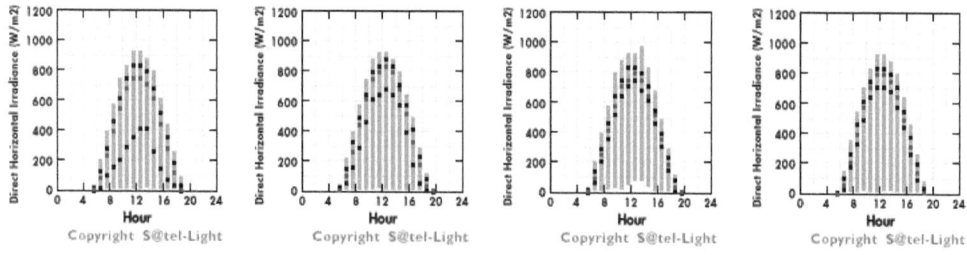

Figure 3.5 : Les valeurs de DHI prises par s@tel-light pendant les mois les plus ensoleillés (du mai à aout pendant les années 1996 à 2000)

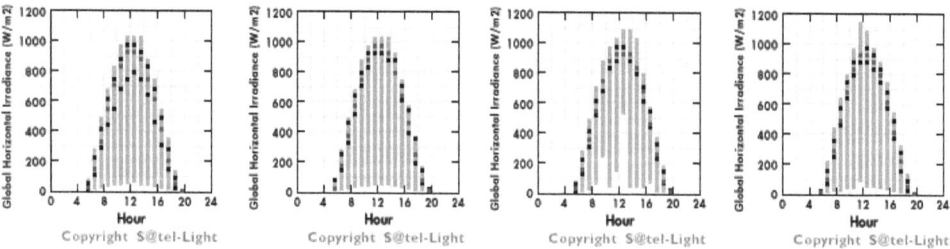

Figure3. 6 : Les valeurs de GHI prises dans les mêmes conditions

Chapitre III   Simulation

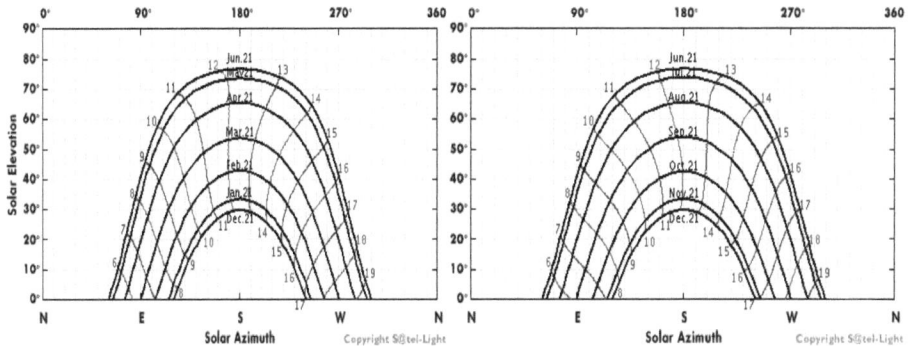

Figure 3.7 : L'élévation du soleil en fonction de l'azimut solaire (s@tel-light)

Et en ce qui concerne les données météorologiques d'Aswan et de l'Espagne, il existe des stations météo accordé directement avec le Greenius. Ces stations nous permet d'effectué une analyse précise de tous les paramètres météorologiques.

Afin de décrire tous les grandeurs externes au projet, nous devons traiter la technologie simulée.

3.2 Description de la technologie simulée :

Nous avons traité la technique d'un champ de capteur cylindro-parabolique avec stockage (tel que le cas de champ Andasol) afin d'assurer un fonctionnement le long de l'année.

- Type de concentrateur:

Le collecteur utilisé est le (ET 2 with Schott HCE) ET 2 avec un tube absorbeur type HCE. Plusieurs paramètres doivent être déclarés tel que : la longueur de collecteur, la surface efficace de miroir, le diamètre du tube absorbeur, la capacité thermique du fluide caloporteur et enfin les coefficients a_i, b_i [49] qui interviennent dans le calcul (3-1) de l'efficacité du collecteu.

$$\eta_{collecteur} = K\eta_0 - \left(K.b_0.\Delta T + \frac{b_1.\Delta T + b_2.\Delta T^2 + b_3.\Delta T^3 + b_4.\Delta T^4}{DNI} \right) \quad (3\text{-}1)$$

Chapitre III   Simulation

Avec:

$$K = IAM.\cos\theta \quad \text{Et} \quad IAM = 1 - \frac{a_1.\theta + a_2.\theta^2 + a_3.\theta^3}{\cos\theta} \quad (3\text{-}2a, b)$$

IAM: ce facteur est défini dans le chapitre précédent, elle exprime la dépendance de l'efficacité optique du soleil ; elle est égale à 1 dans le cas d'un système de poursuite à deux axes, mais dans le cas d'un système à un seul axe, IAM dépend de l'angle θ entre le soleil et le plan incident.

ΔT : est une différence de température, c'est la différence entre la température ambiante et la moyenne arithmétique de la température d'entrée et celle de sortie :

$$\Delta T = \frac{T_{entrée} + T_{sortie}}{2} - T_{amb} \quad (3\text{-}3)$$

Les autres paramètres caractéristique du collecteur, qui définissent les dimensions géométriques et celles qui spécifient son comportement thermique sont utilisés dans le calcul de la capacité.

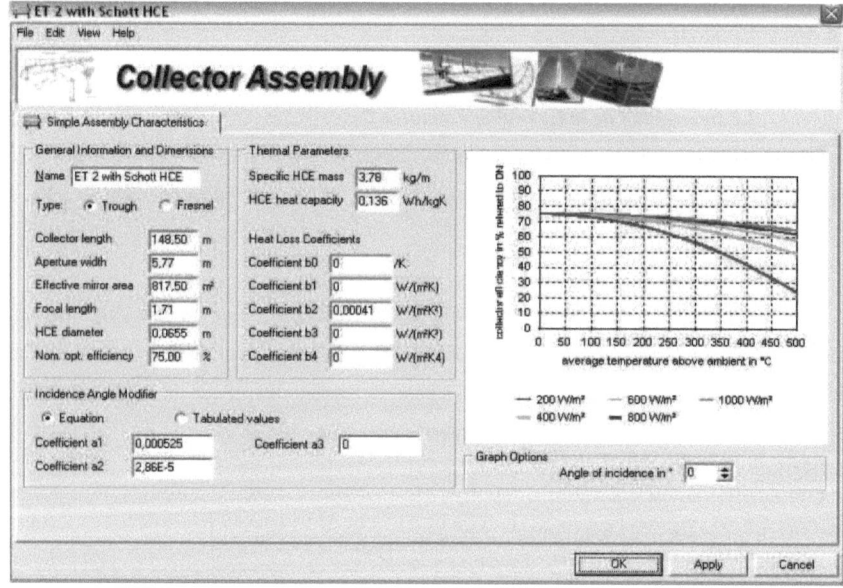

Figure 3.8 : Les caractéristiques du collecteur ET 2

Chapitre III — Simulation

- Champ de captation :

La taille de champ de captation, et le rendement thermique minimal sont calculés d'une façon continue à partir des données d'entrée.

Ainsi, Greenius peut estimer automatiquement la surface efficace de captation et la longueur des tuyaux en se basant sur le nombre de rangées dans le champ et le nombre de collecteur dans chaque rangée.

En ce qui concerne le comportement thermique du champ, nous devons définir la température d'entrée, de sortie, de sortie minimale ainsi que le débit du fluide caloporteur. Ces données sont importantes pour le calcul de la performance, par ce qu'ils ont un grand impact sur les pertes thermiques et sur le temps de démarrage.

Notre étude se limite au champ Andasol. Ce champ est étendu sur 190 hectares, il est constitué de 156 rangées, chacune d'elles renferment 4 collecteurs. La distance entre les rangées est de l'ordre de 17,30m et la distance entre les collecteurs est 1m.

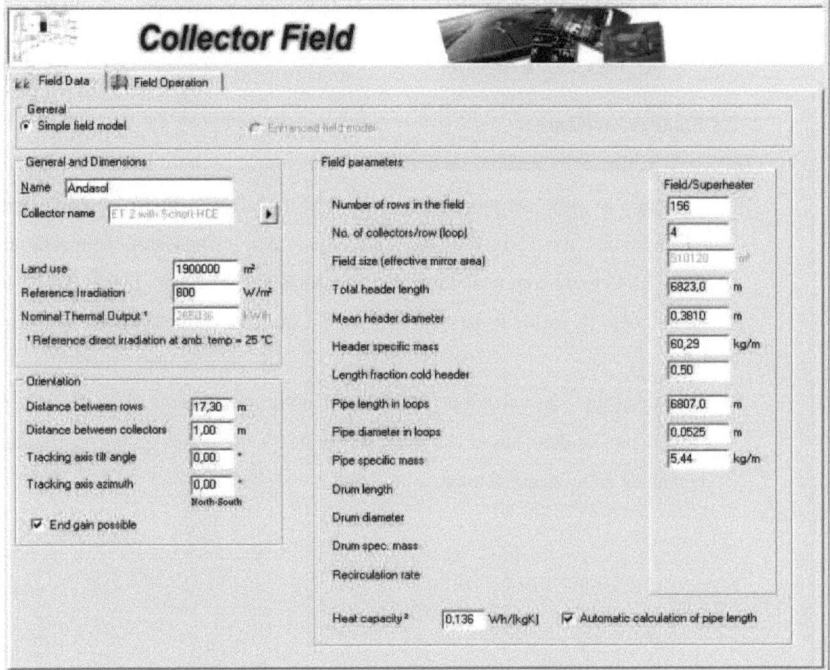

Figure 3.9 : Les paramètres du champ Andasol

Chapitre III　　　　　　　　　　　　　　　　　Simulation

- <u>Système de stockage</u>:

Le système utilisé dans le champ Andasol est : le système de deux réservoirs à sel fondu.

Ce système admet une capacité nette de 940 000 kWh, un taux maximal de charge de 130 000 kW et de 112 000 kW pour le décharge, avec un temps de chargement complet de l'ordre de 7,3h.

Aussi, la différence entre les températures d'entrée et la même que la différence entre les températures de sortie est 11°C.

Nous pouvons conclure que ce système est fiable, ces pertes sont très réduit (1% pendant 24h équivalent à 391,7kWh par heur).

- <u>Générateur de puissance</u>:

Ce système fonctionne sous les conditions standards suivantes : une puissance thermique de 129,2 MW, une température ambiante de 30°C.

Il génère 49 970kWhe sans la génération de la chaleur et avec un taux de CO_2 de 0,230Kg/kWh.

3.3 Etude économique :

Dans cette partie, nous étudions un traitement économique de notre projet.

- <u>Le coût</u> : le coût de projet est divisé en : coût total des composants non-conventionnel (163 238 400 €), coût total des composants conventionnel (39 975 840 €), le coût total du système de stockage thermique (32 900 000 €), les autres coûts (y inclus le tarif de la terre,...) qui sont variables d'un pays à un autre.
- <u>Le calendrier</u> : le calendrier mise pour notre projet est : une période de construction de deux ans et une durée de vie de 25 ans. Ainsi, qu'une distribution du coût de 25% chaque 6 mois.

Chapitre III   Simulation

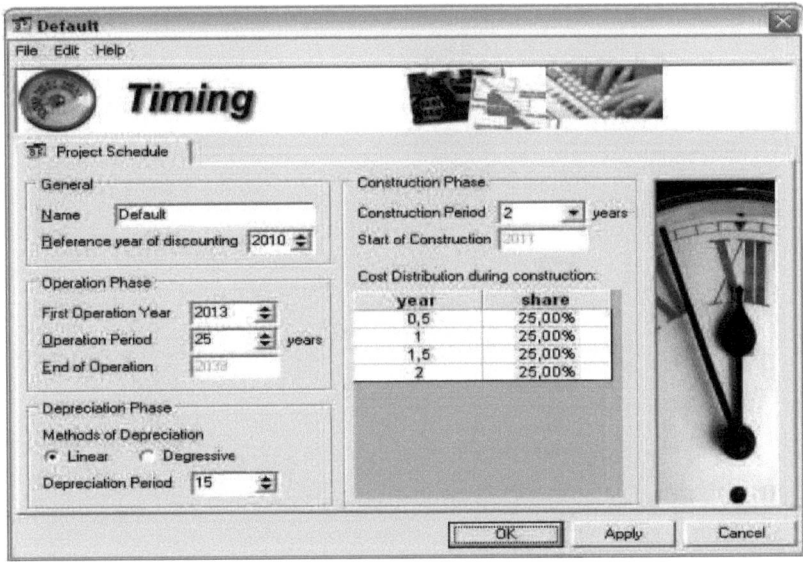

Figure 3.10 : Calendrier du projet

- Mode de financement : le projet est financé par 30% des capitaux propres et 70% de dettes, et il subit un taux d'intérêt dont le moyen est égal à 5,4% pendant 10 ans.

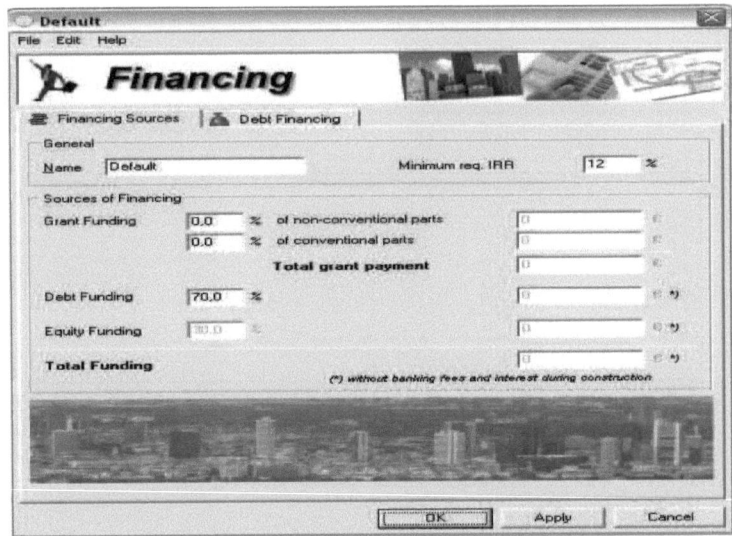

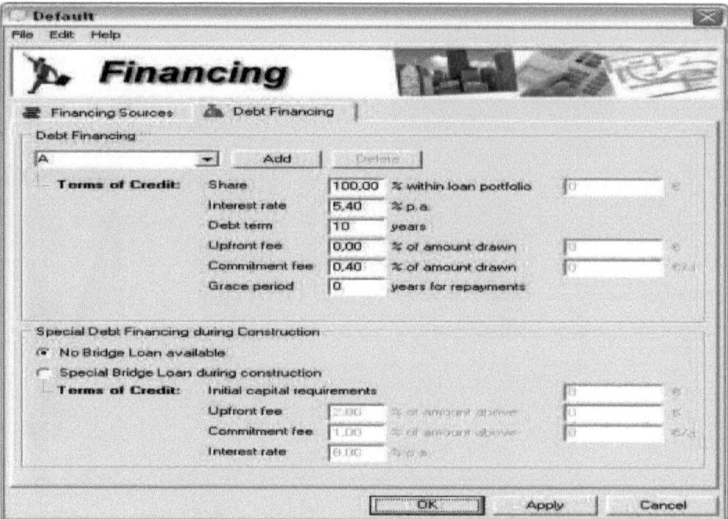

Figure 3.11 : Les modes de financement

Chapitre IV — Résultats et discussion

Résultats et discussion

1. Introduction :

Nous présentons, dans ce chapitre, l'influence de la position géographique sur le rendement d'un champ solaire. Il s'agit d'une étude comparative d'un seul champ traité dans trois endroits différents (Tunisie, Aswan, Espagne).

En premier lieu, nous avons traité les paramètres météorologiques en se limitant à ceux qui ont une influence directe sur le rendement du champ. Ensuite, nous avons comparé les rendements recueillis du champ. Et en dernier lieu, nous avons étudié la coté économique du projet.

2. Etudes des paramètres météorologiques :

Les trois endroits choisis dans notre étude, sont localisés comme indique le tableau suivant :

Pays	Tunisie	Aswan	Espagne
Latitude (°N)	36,8	23,97	37,13
Longitude (°E)	10,17	32,78	-3,06
Altitude (m)	210	192	1100

Tableau 4.1 : Localisation des pays étudiés

Ces variations des coordonnées géographiques résultent une variation du taux global de radiation solaire et de la radiation directe normale (DNI, GHI).

La radiation directe normale DNI est un paramètre d'entrée très important, car le rendement du champ est proportionnel à cette variable.

Les figures (figure 4.1) et (figure 4.2) illustrent les variations respectives de la moyenne de la GHI, respectivement la DNI, (par semaine) en fonction du temps.

Ainsi, nous pouvons conclure qu'Aswan est plus ensoleillé que la Tunisie et Espagne, il possède le taux de la GHI le plus important (>150W/m²).

Cependant, le même raisonnement est applicable pour la DNI, Aswan possède aussi les valeurs les plus élevés de la DNI, avec un taux maximal pendant les mois de juin et juillet.

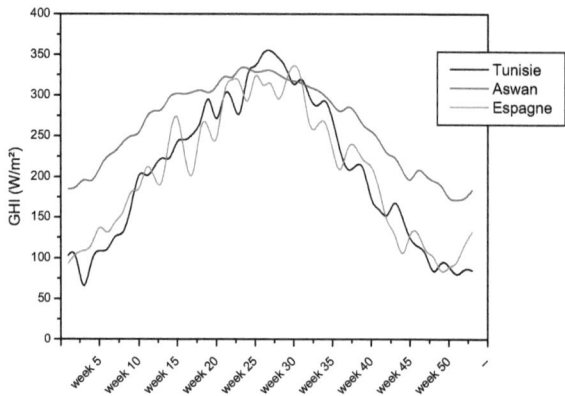

Figure 4.1 : La variation de la radiation solaire globale (GHI) le long d'une année (par semaine)

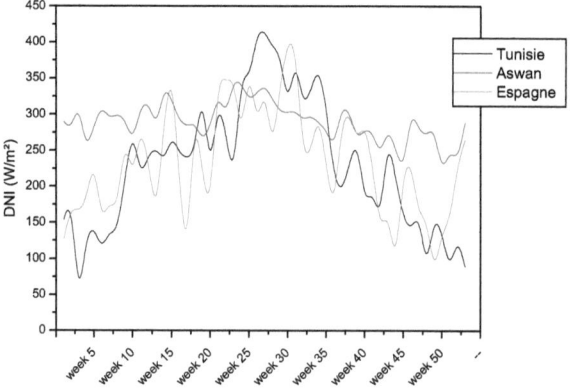

Figure 4.2 : La radiation directe normale (DNI) en fonction du temps (par semaine)

Chapitre IV   Résultats et discussion

Nous avons déclaré précédemment que les valeurs de la DNI sont celles prises en compte dans le cas des capteurs solaires. Dans ce contexte nous avons pris des valeurs horaires de DNI pendant les jours de 17 et 18 juin afin de mieux approcher l'influence des paramètres météorologiques sur le rendement du champ de capteur. Nous avons choisi le moi de juin où la DNI atteint ses valeurs maximales (les mois les plus ensoleillés : juin, juillet, Août).

Cependant, il faut signaler que le capteur cylindro-parabolique fonctionne à une DNI minimale de l'ordre de 750W/m².

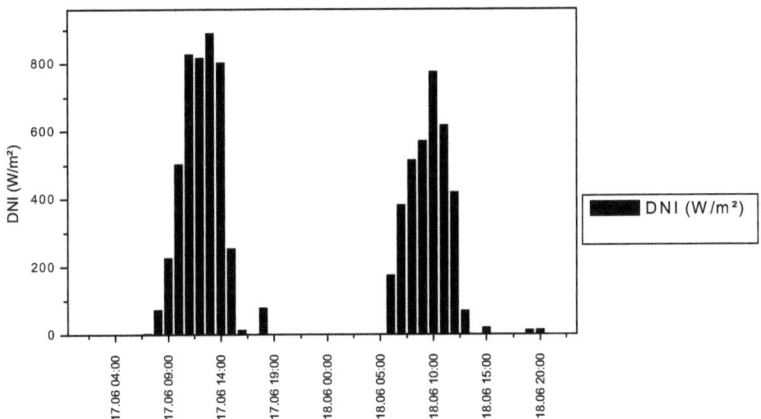

Figure 4.3 : La variation de la DNI dans deux jours de mois de juin en fonction du temps (heure) dans la région de la Tunisie

Chapitre IV   Résultats et discussion

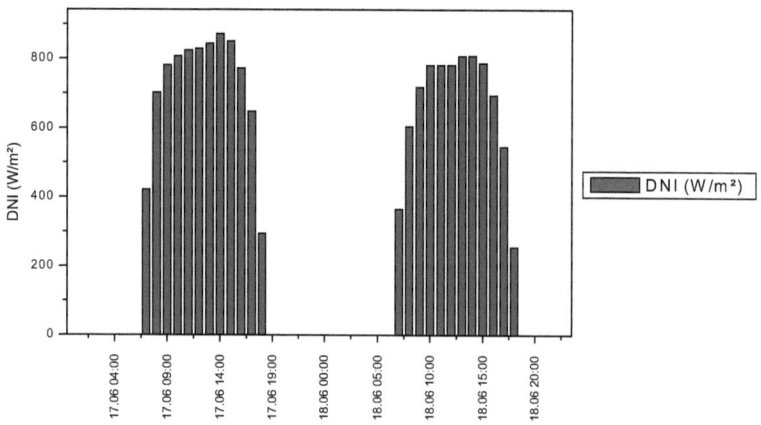

Figure 4.4 : La variation de la DNI en fonction du temps dans la région d'Aswan
(Les valeurs prises les mêmes jours)

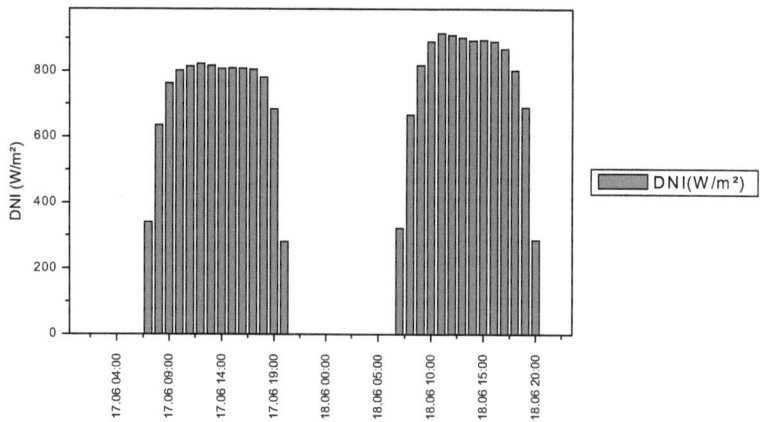

Figure 4.5 : La variation de la DNI en fonction du temps dans la région d'Espagne
(Les valeurs prises dans les mêmes jours)

Chapitre IV — Résultats et discussion

3. Etude du rendement du champ solaire :

Nous avons indiqué précédemment, que le champ traité est le même dans les trois pays sans faire aucune intervention au niveau de dimension, ni au niveau du système de stockage, ni au niveau du système de production de puissance.

Par conséquence, nous pouvons dire que : le rendement du champ est fonction seulement des conditions géographiques et météorologiques.

Le tableau ci-dessous (tableau 4.2) indique les valeurs données par Greenius, il est clair que le rendement du champ solaire dans les régions de la Tunisie et Espagne et pratiquement le même avec une légère augmentation pour la Tunisie. Pour le cas d'Aswan le rendement est plus important, à cause de son climat à caractère désertique.

	Tunisie	Aswan	Espagne
Rendement thermique (MWh/a)	448 684,06	630 197,02	442 897,34
Electricité renouvelable générée (MWh/a)	137 756,07	207 064,01	135 521,19
Electricité totale générée (MWh/a)	157 786,27	237 155,41	155 142,69

Tableau 4.2 : Résultats des rendements électrique et thermique données par le Greenius

Le champ solaire, convertit l'énergie solaire en une énergie thermique puis électrique, nous pouvons donc deviser les résultats de sortie en deux parties : rendement thermique du champ et rendement électrique.

Chapitre IV   Résultats et discussion

3.1 Analyse de rendement thermique :

Le Greenius offre la possibilité d'avoir une idée totale sur tout le champ simulé, par le calcul de tous les paramètres thermiques de sortie (figure 4.5)

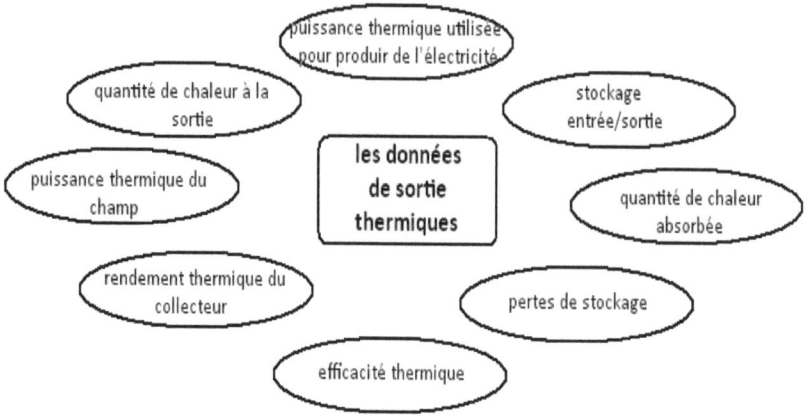

Figure 4.6 : Les paramètres de sortie de Greenius

Nous avons tenu compte de quelques résultats seulement :

- **Quantité de chaleur à la sortie du champ solaire :**

Nous avons indiqué, précédemment, que Aswan possède les meilleurs valeurs de DNI et par conséquence les plus hautes valeurs de la quantité de chaleur à la sortie du champ solaire Q_{champ}. Cette quantité est définie par la différence entre la quantité collectée par le champ et les pertes au niveau du collecteur et les tuyaux.

Chapitre IV Résultats et discussion

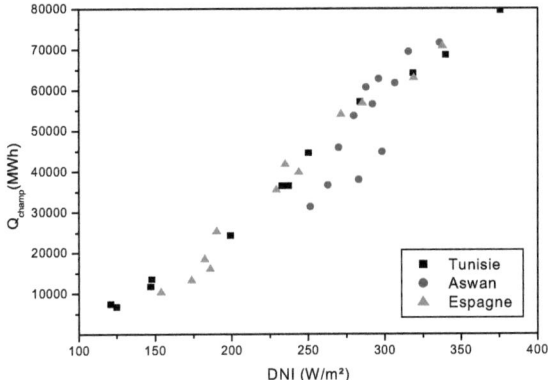

Figure 4.7: La quantité de chaleur à la sortie du champ en fonction de la DNI

- **Efficacité thermique :**

Les efficacités thermiques des champs solaires da la Tunisie et de l'Espagne ont pratiquement les mêmes valeurs (figure 4.7), avec une légère différence pendant les mois les moins ensoleillés (octobre, novembre, décembre, janvier, et février), avec une valeur maximale de 55%.

Et, Aswan possède toujours l'efficacité thermique la plus importante (la valeur minimale est 30,23%)

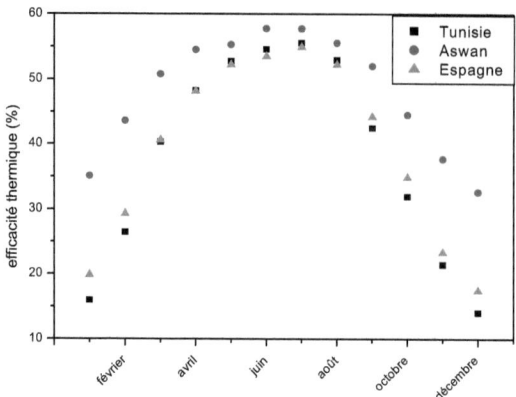

Figure 4.8 : Les valeurs mensuelles de l'efficacité thermique

- **La quantité de chaleur totale :**

C'est la quantité de chaleur utilisée pour la production de l'électricité, elle est présentée dans la figure 4.8.

Cependant, nous pouvons constater du graphique que : pendant les mois de juillet et août la Tunisie possède les valeurs maximales, mais pendant les mois de l'hiver elle présente des quantités très faibles par rapport à deux autres pays.

Toujours, Aswan est la meilleure avec des valeurs oscillantes entre 30 000 et 65 000 MWh.

Chapitre IV   Résultats et discussion

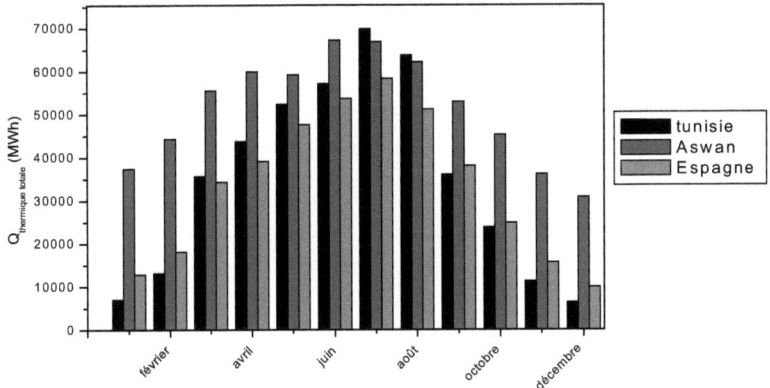

Figure 4.9: Evolution de la quantité de chaleur totale en fonction du temps

L'énergie thermique est convertie en une énergie électrique injectable directement dans le réseau. Et par conséquence, l'analyse du rendement électrique est assez importante.

3.2 Analyse de rendement électrique :

Greenius nous offre plusieurs valeurs explicatives (figure 4.9) du rendement électrique du champ de capteur.

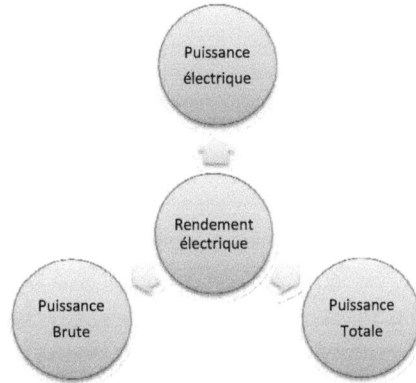

Figure 4.10 : Les paramètres de sorties données par le Greenius

Chapitre IV Résultats et discussion

- **Puissance électrique $W_{el,s}$:**

C'est la puissance électrique générée par l'énergie solaire seulement (figure 4.10). La variation de la puissance électrique $W_{el,s}$ est identique à la variation de la DNI en fonction du temps.

Ainsi, les valeurs maximales sont obtenues pendant les mois d'été (vers la trentième semaine) et les valeurs minimales sont atteintes pendant les mois de l'hiver.

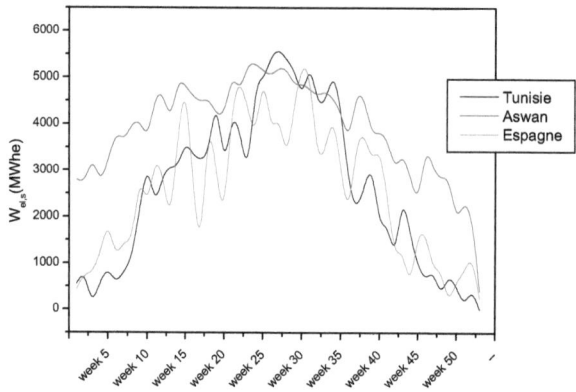

Figure 4.11 : La variation de la puissance électrique en fonction du temps

L'analyse de la figure au dessus est un peu compliquée, pour cela nous avons traité chaque pays tout seul.

En comparant les trois figures explicatives si dessous, nous pouvons conclure que, le champ solaire d'Aswan génère des puissances électrique $W_{el,s}$ d'une façon modéré, sans intermittence tous le long de l'année .

Pour le cas du champ existant à l'Espagne, les valeurs de cette puissance sont variables d'une façon aléatoire, et elles augmentent de l'hiver vers l'été.

Et enfin, pour la Tunisie c'est identique à l'Espagne, avec une légère augmentation des valeurs.

Chapitre IV Résultats et discussion

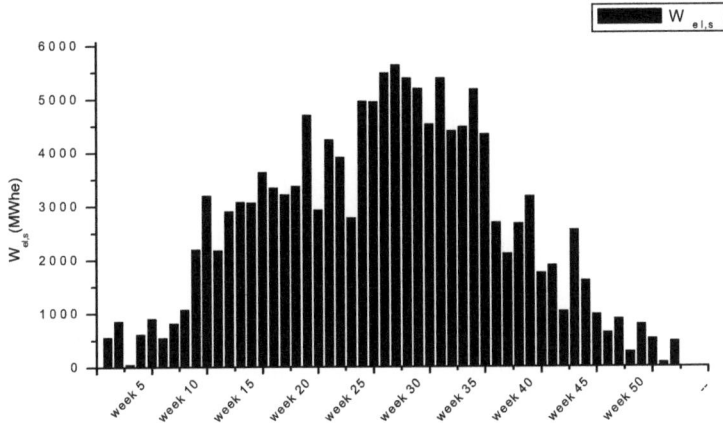

Figure 4.12 : $W_{el,\,s}$ est fonction du temps (Tunisie)

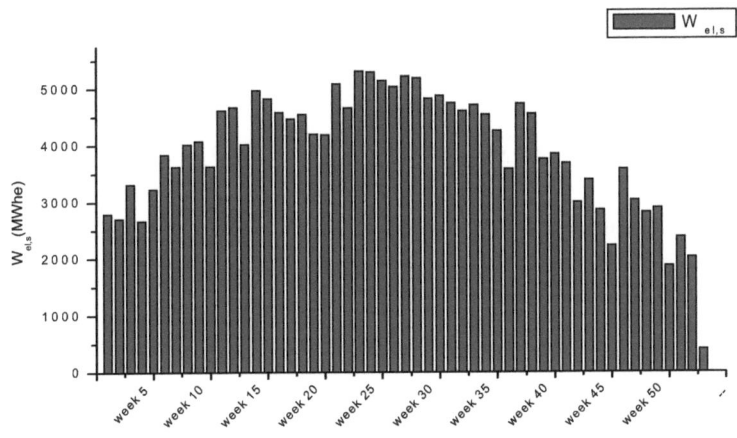

Figure 4.13 : $W_{el,\,s}$ est fonction du temps (Aswan)

Chapitre IV   Résultats et discussion

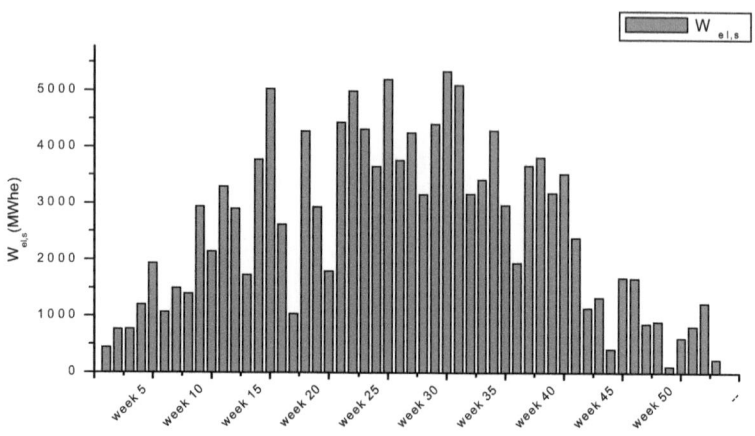

Figure 4.14 : $W_{els,\,s}$ est fonction du temps (Espagne)

- **La puissance électrique totale :**

C'est la puissance électrique totale : d'origine solaire plus celle d'origine fossile. Elle est produite de l'énergie thermique. Par conséquence, elle est fonction de la DNI.

Le même raisonnement de la comparaison, nous permet de conclure que les valeurs les plus élevées sont celles d'Aswan, elles sont supérieures à 2000 MWhe (figure 4.16).

Pour le cas de notre pays, les valeurs maximales sont atteintes pendant les mois d'été, mais pour les mois de février et décembre les valeurs sont très faibles presque nulles (figure 4.15).

Et enfin, les valeurs prises de l'Espagne sont proches à celles de la Tunisie (figure 4.17).

Chapitre IV Résultats et discussion

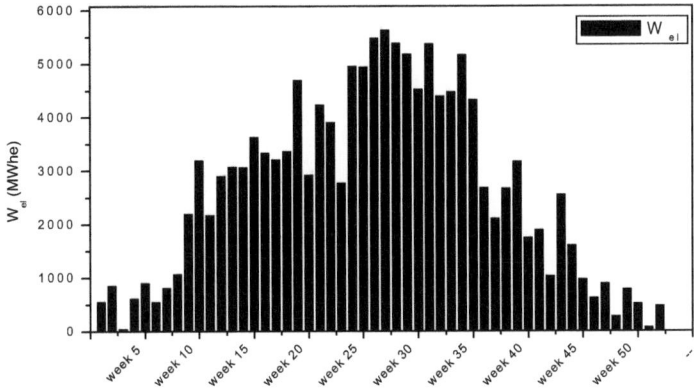

Figure 4.15 : La puissance électrique totale pour la région de la Tunisie

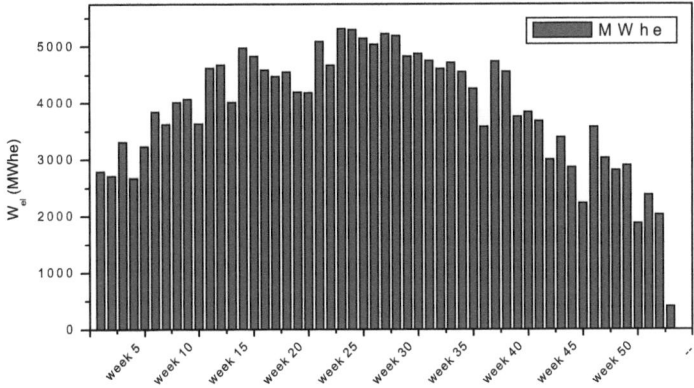

Figure 4.16 : La puissance électrique totale pour la région d'Aswan

Chapitre IV — Résultats et discussion

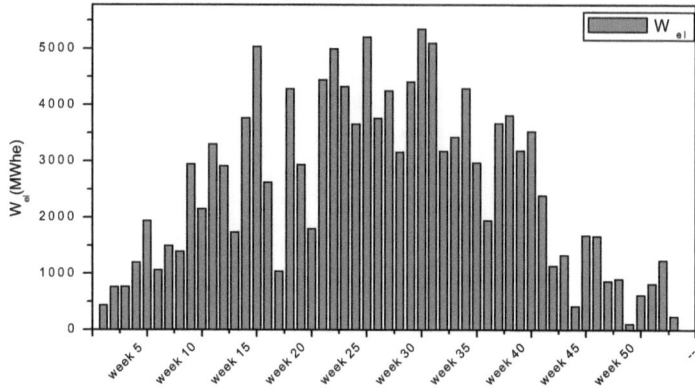

Figure 4.17 : La puissance électrique totale pour la région d'Espagne

Notre étude n'est pas limitée à une analyse technique ou à une étude de rendement énergétique du champ, elle inclut aussi une étude économique.

4. Etude économique :

4.1 Coût de construction :

Ce coût inclus les tarifs de l'installation : les prix des composants non conventionnels, de système de stockage, et des composants conventionnels. Et, puisque nous avons gardé les propriétés du champ traité, ces valeurs demeurent constantes.

Mais, les autres coûts sont variables d'un pays à un autre, tel que le prix de la terre et de l'énergie fossile…

Nous avons obtenu la valeur la plus élevée en Espagne car le tarif de la terre est de l'ordre de 2 €/m² devant des valeurs plus faibles pour la Tunisie et Aswan.

Chapitre IV — Résultats et discussion

4.2 Coût d'opération :

La période d'opération mise pour le champ solaire est 25 ans, l'étude du coût d'opération doit être étalée sur toute cette période.

D'abord, les champs étudiés n'ont pas des revenues thermiques, ils sont consacrés seulement pour la production de l'électricité.

Les revenues de l'électricité (figure 4.18) sont divisées en revenue de l'électricité d'origine solaire et d'origine fossile.

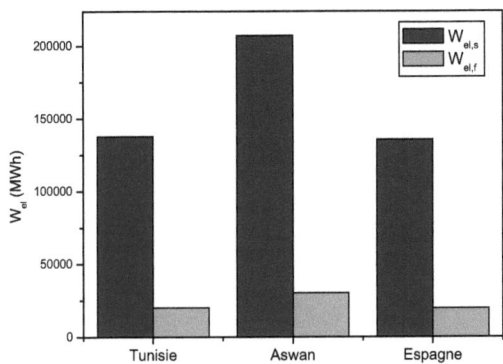

Figure 4.18 : Puissance électrique générée pendant une année.

Selon les proportions déclarées aux paramètres d'entrée (taux de combustible utilisé est 12%), il est évident que le revenue de l'électricité $W_{el,s}$ et plus important que le revenue de la puissance électrique $W_{el,f}$.

Pour notre cas, les valeurs obtenues pour la Tunisie sont les plus faibles valeurs à cause du tarif faible de l'électricité (0,067 €/kWhe), ce qui impose un problème au niveau de l'amortissement du projet.

Chapitre IV   Résultats et discussion

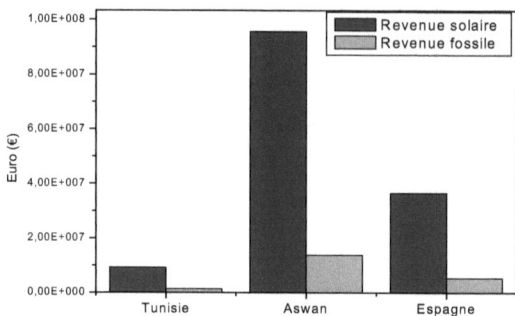

Figure 4.19 : Les revenues de l'électricité pendant une année

Ainsi, nous devons augmenter le prix de l'électricité solaire afin que nous puissions recueillir des revenues solaires qui sont en relief avec les coûts d'installation, de maintenance, de l'opération...

Le tarif de l'électricité d'origine solaire est plus important par rapport à ce lui de l'électricité générée par la STEG à cause du coût importante d'installation. Cette variation peut être expliqué du fait que la STEG est une société de droit public, elle produit de l'électricité à partir du gaz naturel existant en Tunisie et avec du matériel plus au moins sophistiqué, par conséquence son but n'est plus le revenu de son projet.

Dans ce contexte, nous avons choisi la valeur minimale pour le tarif de l'électricité qui nous assure un projet amorti est s'était : 0,200 €/kWhe (figure 4.19). Cette valeur augmente le revenu de l'électricité d'une façon considérable.

Chapitre IV — Résultats et discussion

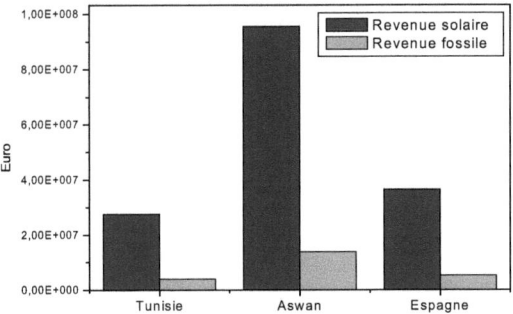

Figure 4.20 : Les revenues de l'électricité (tarif de l'électricité en Tunisie est 0,200 €/kWhe)

Ainsi, nous devons signaler que la durée de vie d'un champ solaire dure 25 ans, elle est limitée par la dégradation du matériel utilisé, ce qui provoque une évaluation du coût totale du projet.

Cette amélioration du coût est traduite par l'augmentation du coût d'entretien et de maintenance du matériel utilisé (figure 4.20). Cette augmentation est assez importante les deux premières années puis elle croit d'une façon linéaire tous le long de la durée de vie du champ solaire.

D'après la figure, nous pouvons constater qu'Aswan admet l'évaluation du coût la plus rapide à cause de son climat (ce qui cause la dégradation des matériaux utilisés), et puisqu'elle a le meilleur rendement il est évident que le coût de maintenance sera le plus élevé. En contre partie, Espagne possède l'évaluation du coût la plus faible à cause de son ensoleillement moyennement faible par rapport à la Tunisie et Aswan.

Chapitre IV Résultats et discussion

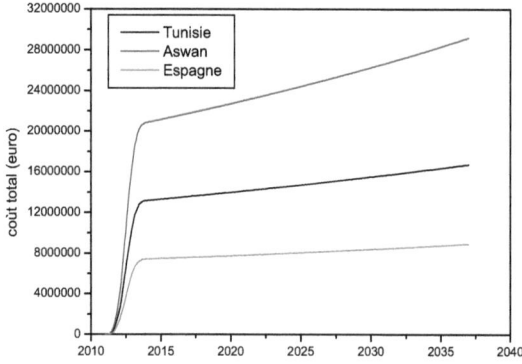

Figure 4.21 : Evaluation du coût pendant toute la durée de vie du champ

Et enfin, le Greenius fini ses résultats par des paramètres fondamentaux, qui représentent des résultats clefs.

5. Les résultats fondamentaux :

Les paramètres les plus intéressants pour simuler un champ solaire sont donnés par le Greenius. Ils sont divisés en :

5.1 Les résultats techniques :

Plusieurs résultats techniques sont donnés par le Greenius, nous étudions dans un premier lieu la production électrique annuelle (il s'agit d'une moyenne annuelle).

En se basant sur la (figure 4.21), nous constatons qu'Aswan présente la valeur maximale (> 225000 MWhel), et que la Tunisie et l'Espagne ont pratiquement la même valeur.

Chapitre IV   Résultats et discussion

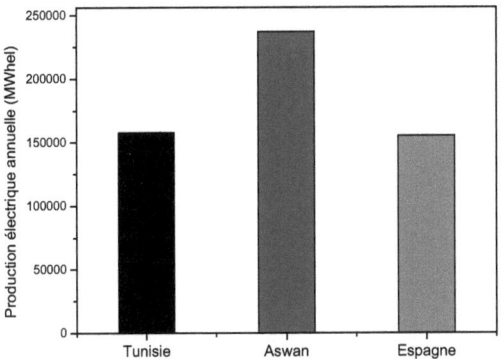

Figure 4.22 : La production électrique annuelle du champ

Aussi, nous devons tenir compte des autres paramètres afin de simuler le champ d'une façon plus détaillée. Tel que la moyenne annuelle de l'efficacité.

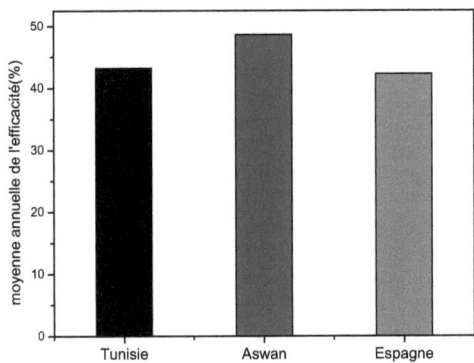

Figure 4.23 : La moyenne annuelle de l'efficacité du champ

Et en ce qui concerne la durée de la pleine charge, Aswan a aussi la meilleure valeur.

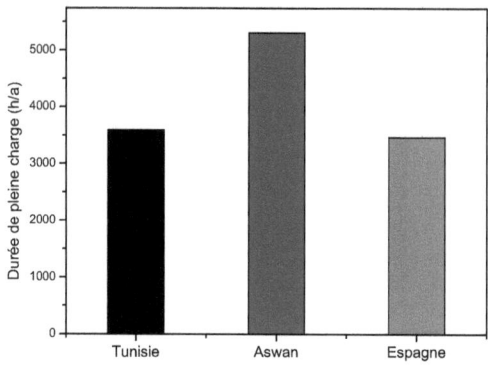

Figure 4.24 : La durée de pleine charge durant toute l'année

Pour le cas de l'émission de CO_2, il est évident que le champ qui génère des valeurs de puissances thermiques et électriques les plus élevées émet la plus grande quantité de CO_2.

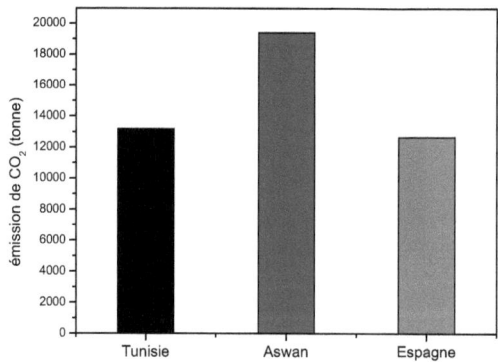

Figure 4.25 : Taux de CO_2 émis par le champ durant une année

5.2 Les résultats économiques :

Nous pouvons réduire les résultats économiques à deux valeurs importantes : la LEC et le coût recueilli par taux évité de CO_2.

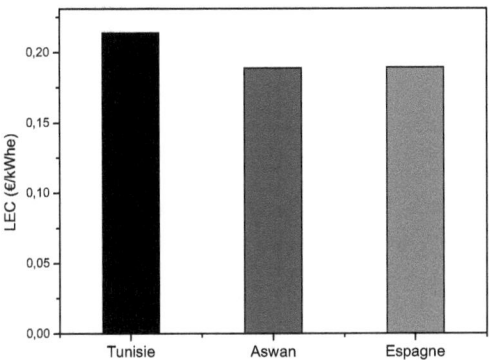

Figure 4.26 : La LEC pour les trois pays

Le champ localisé en Egypte génère le taux le plus élevé de CO_2, et par conséquence le coût recueilli par le taux évité de CO_2 est le plus faible.

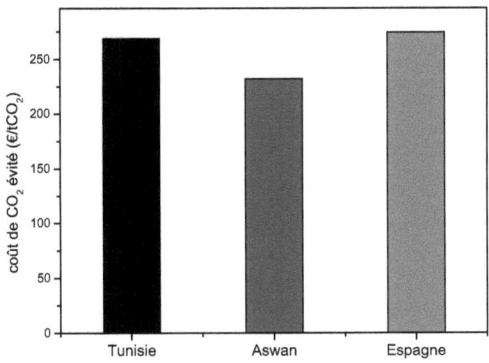

Figure 4.27 : Le coût recueilli par le taux de CO_2 é

6. Conclusion :

Ce chapitre nous a permis d'exploiter les résultats de la simulation effectuée par le Greenius. Les résultats trouvés sont satisfaisants pour mieux éclairer le choix étudié.

Cependant, en se basant sur cette étude comparative, nous pouvons prédire que notre projet est applicable sur le plan réel, avec un rendement très proche de celui localisé en Espagne.

Nous avons ignoré la différence entre notre projet et celui d'Aswan, au faite que le rendement de ce dernier affecte le coût d'entretien et de la maintenance d'une façon très grave.

Ainsi, le climat de la Tunisie nous permet d'un rendement électrique moyen (qui répond a nos besoin) et en même temps il nous assure un fonctionnement modéré tous le long de la durée de vie du champ, sans affecter des graves dégâts pour le matériel utilisé.

Conclusion et Perspectives

L'objectif de ce travail était une étude comparative entre trois champs solaire localisés dans trois pays différents, afin de conclure la possibilité d'implanter un champ solaire dans la région du sud Tunisien. Le champ traité est le même que le champ Andasol existant en Espagne.

Cette étude traite l'influence du positionnement géographiques et des paramètres météorologiques sur le rendement thermique et électrique d'un champ solaire.

Le Greenius nous a offert la possibilité de comparer les champs traités du point de vue technique, en mettant l'accent sur les puissances électriques et les quantités de chaleur générés. Et de point de vue économique, en calculant tous les paramètres nécessaires pour implanter un champ solaire.

Cette simulation est très nécessaire, elle permet à l'utilisateur de planifier son projet solaire et de lui permet d'avoir une idée globale sur les contraintes existantes qui perturbent le fonctionnement du projet. Afin qu'il puisse minimiser les risques.

Notre travail était la première qui considère le Greenius comme outil de simulation. Nous avons profité de ce logiciel pour faire trois simulations indépendantes afin que nous puissions faire notre étude comparative.

En comparant les résultats trouvés par le Greenius, nous avons conclu que l'implantation d'un champ, ayant les mêmes caractéristiques que le champ Andasol en Espagne, dans le sud tunisien est possible. Ce dernier nous permet d'un rendement thermique et électrique très proche du rendement de son ancêtre.

Cependant, une étude économique de notre projet assure que le choix de la Tunisie est un bon choix. A cause de son climat modéré qui sera assez bénéfique d'être exploiter sans effectuer des dégâts graves.

Au cours de notre étude, nous sommes malheureusement heurtés au problème des données météorologiques. Cependant, l'existence d'une station météo localisée sur une surface de diamètre 30Km entourant le champ considéré nous facilite la tâche grâce à la grande précision des données météorologiques.

Conclusion et Perspectives

Nous souhaitons d'avoir dans l'avenir proche l'installation de quelque station météo dispersées sur toute la Tunisie ce qui nous permet de mieux localiser notre champ à concentration solaire.

Nous proposons comme complémentaires à ce travail, de faire une étude comparative entre la technique utilisée (champ à capteur cylindro-parabolique) et d'autre technique de concentration des rayons solaires, sans faire aucune intervention au niveau des paramètres météorologiques. Ainsi, le faite que Greenius est un logiciel relativement nouveau, cela nous permet de faire une infinité de simulation.

Finalement, l'élaboration de ce travail nous a été d'un important enrichissement vu qu'il nous a permis de nous familiariser avec de nombreuses nouvelles techniques de concentration de l'énergie solaire et de manipuler un outil informatique assez évolué : Greenius.

Bibliographie

Référence bibliographique

[1] Communication initiale de la Tunisie à la convention cadre des nations unies sur les changements climatiques (octobre 2001)

[3] louy Qoaider, Towards a sustainable implementation of solar themal power in the MENA region, German Aerospace Center (DLR)

[4] Quoilin Sylvain, Les centrales solaires à concentration, Université de Liège Faculté des sciences appliquées (mai 2007)

[5] Christoph Prahl, Photogrammetry and CSP – an introduction- Capacity Building Course (DLR)

[6] Martin Eickhoff, Parabolic troughs and Fresnel collectors, Capacity Building Course (DLR)

[7] Ing. Robert Pitz-Paal, Christoph Richter, Overview Solar Research at DLR Capacity Building Course (DLR)

[9] M.H.Cobble, Theorical concentrations for solar furnaces, Solar energy, volumes 5, Issue2, April-June 1961, pages 61-72.

[10] P.Singh and L.S.Cheema, Performance and optimization of a cylindrical parabola collector, Solar energy 18,135 (1976)

[11] D.L.Evans, On the perfoarmance of cylindrical parabolic solar concentrators with flat absorbers, Solar energy 19,379 (1977)

[12] T.C.Kandpal, S.S. Mathur, A note on the calculation of geometrical ratio of cylindrical parabolic trough with a flat absorber, Solar and wind technology vol.2, No.1 pp 77-79 (1984)

[13] K.Ravi Kumar, K.S. Reddy, Thermal analysis of solar parabolic trough with porous disc receiver, Applied energy 2008

[14] N.Nijegorodov, P.K.Jain and K.R.S Devan. A non tracking cylindrical solar concentrator with circular cross-section: Theoretical and experimental analysis, Renewable energy vol.6, No.1, pp.1-9, 1995

Bibliographie

[15] A.Gama, M.Haddadi, A.Malek, Etude et réalisation d'un concentrateur cylindro-parabolique avec poursuite solaire aveugle, Revue des energies renouvelables vol.11, No.3 (2008) 437-451

[16] J.L.B.Marcotte, 100-1000kW (el) Medium-power distributed collector solar system. Electric power systems research, 3(1980) 41-51

[17] Ahmed Hagaza, étude des performances d'un concentrateur cylindro-parabolique d'énergie solaire travaillant dans les conditions naturelles (mémoire soutenu en Juin 1984)

[18] S.Kalogirou, Parabolic trough collector system for low temperature steam generation: Design and performance characteristics. Applied energy. Vol 55, No.1, pp1-19 (1996)

[19] A.Fernàndez Garcia, E. Zarza, L.Valenzuela, M.Pérez, Parabolic trough solar collectors and their applications, Renewable and sustainable energy reviews 14(2010) 1695-1721

[20] Giampaolo Manzolini, Andrea Giostri, Claudio Saccilotto, Paolo Silva, Ennio Macchi, Development of an innovative code for the design of thermodynamic solar power plants. Part B: Performance assessment of commercial and innovative technologies. Renewable energy (2011) 1-9

[21] R.Alamanza et A.Lentz, Electricity production at low powers by direct steam generation with parabolic troughs, solar energy vol 64, No.1-3 pp.115-120 (1998)

[22] G.C.Bakos, I.Ioannidis, N.F.Tsagas, I.Seftelis, Design, optimization and conversion-efficiency determination of a line-focus parabolic-trough solar collector (PTC), Applied energy 68 (2001)

[23] S.Zunft, M.R.Malayeri, M.Eck, Compact field separators for the direct steam generation in parabolic trough collectors: An investigation of models energy 29 (2004) 653-663

[24] A.Thomas, Solar steam generating systems using parabolic trough concentrators, Energy convers, Mgmt vol.37, No.2, pp.215-245, 1996

[25] Helmult Klaib, Rainer Kohne, Joachim Nitsh and Uwe Sprengel. Solar thermal power plants for solar countries-technology, economics and market potential, Applied energy 52 (1995) 165-183

Bibliographie

[26] J.A.Clarck, An analysis of the technical and economic performance of a parabolic trough concentrator for solar industrial process heat application, Heat and mass transfer, vol.25, No.9, pp1427-1438 (1982)

[27] Soteris Kalogirou, Parabolic trough collectors for industrial process heat in Cyprus, Energy 27(2002) 813-830

[28] L.G.Rodriguez, Ana I, Palmero-Marrero, Carlos Gomez-Camacho, Application of direct steam generation into a solar parabolic trough collector to multi effect distillation, Desalination 129(1999) 139-145

[29] M.Balghouthi, Simulation et réalisation expérimentales d'une pompe à chaleur à absorption solaire, thèse soutenue le 23 juin 2009

[30] Richard Petela, Exergy analysis of the solar cylindrical parabolic cooker, Solar energy 79(2005) 221-233

[31] A.Farouk Kothdiwala, P.C.Eames, B.Norton, Optical performance of an asymmetric inverted absorber compound parabolic concentrating solar collector WREC 1996

[32] Ya Ling He, Z.D.Cheng, J.Xiao, Y.B.Tao, R.J.Xu, Three-dimensional numerical study of heat transfer characteristics in the receiver tube of parabolic trough solar collector

[33] Thomas H.Kuelm, Eric W.Grald, Performance analysis of a parabolic trough solar collector with a porous absorber receiver, Solar energy vol.4, pp.281-292, 1989

[34] Ivàn Martinez and Rafael Almanza, Experimental and theoretical analysis of annular two-phase flow regimen in direct steam generation for a low-power system, Solar energy 81(2007) 216-226

[35] A.Gamma, F.Yettou, A.Malek, M.Haddadi, L.Serir, Etude et conception d'un prototype pour un concentrateur cylindro-parabolique avec poursuite solaire. CER'07 Oujda (2007) 229-232

[36] S.Kalogirou, Stephen Lloyed, John Ward, Modelling optimization and performance evaluation of a parabolic trough solar collector steam generation system, Solar energy vol.60, No.1, pp 49-59 (1997)

[37] Ya Ling He, Jie Xiao, Ze-Dong Cheng, Yu Bing Tao, A MCRT and FVM coupled simulation method for energy conversion process in parabolic trough solar collector, Renewable enrgy 2010 (1-10)

Bibliographie

[38] Maria Brogren, Anna Helgesson, Bjorn karlsson, Johan Nilsson, Arne Roos, Optical properties, durability, and system aspects of a new aluminium-polymer-laminated steel reflector for solar concentrators, Solar energy materials and solar cells 82 (2004) 387-412

[39] Stephen Wilbert, Properties of solar radiation, Capacity Building Course (DLR)

[40] Angela M. Patnode, Simulation and performance evaluation of parabolic trough solar power plants. University of Wisconsin-Madison (these 2006), p15

[41] Markus Eck, Yield analysis Capacity Building Course (DLR)

[42] Stephan Wilbert, Measurement of solar radiation capacity, capacity Building Course (DLR)

[43] Stuetzle, Thorsten A, Automatic control of the 30MWe SEGS VI parabolic trough plant. University of Wisconsin-Madison 2002

[44] Volker Quaschning and Winfried Ortmanns, specific cost development of photovoltaic and concentrated solar systems depending of the global irradiation – A study performed with the simulation environment Greenius, ISES Solar World Congress 2003 – Göteborg, Sweden, 14-19 June 2003

[45] Volker Quaschning, Rainer Kistner, Winfried Ortmanns, Simulation of parabolic trough power plants, 5th Cologne Solar Symposium, Cologne 21 June 2001.pp.46-50

[49] Ing. Jürgen Dersch, Greenius User Manual Version 3.6

Les adresses internet consultées:

[2] http://www.steg.com.tn/dwl/02_EXPERIENCE_ENERGIES_NOUVELLES_RENOUVELABLES.pdf

[8] http://knol.google.com/k/histoire-du-solaire-%C3%A0-concentration#

[46] file:///C:/Documents%20and%20Settings/HP/Bureau/sujet/etat%20de%20l'art/biblio/Les%20plans%20solaires%20en%20Méditerranée%20%20%20Une%20mosaïque%20de%20projets%20-%

[47] file:///C:/Documents%20and%20Settings/HP/Mes%20documents/Downloads/%D8%A7%D9%84%D8%AA%D8%B9%D8%B1%D9%8A%D9%81%D8%A9.htm

[48] www.satel-light.com

Annexes

Annexe A :

Electric Energy Prices

Subscribers	prices
1 - The Energy usage on the super high voltage (a piaster / K.W.H)	
- Kima	4.7
- The underground (Ramses)	6.8
- The Arab company of the oil tubes (Soumid)	27.3
a) Industries with intensive consumption (Iron-Cement-Fertilizers-Aluminium-Copper - petrochemicals)*	21.7
*The prices of Electric Power Consumed is raising in these sectors by 50% during the peak period (4 hours -the Ministry of Electricity and Energy set the beginning)	
b) Industries (flat glass - ceramics and porcelain)	15.9
c) the rest of industrial sectors not included in the a, b	15.4
d) The rest of subscribers	12.9
2 - The Energy usage on the high voltage (a piaster / K.W.H)	
The underground (Tora)	11.34
a) industries with intensive consumption (Iron-Cement-Fertilizers-Aluminium-Copper - petrochemicals)*	26.3
*The prices of Electric Power Consumed is raising in these sectors by 50% during the peak period (4 hours -the Ministry of Electricity and Energy set the beginning)	(4
b) Industries (flat glass - ceramics and porcelain)	19.2
c) the rest of industrial sectors not included in the a, b	18.6
d) The rest of subscribers	15.7

Annexes

3-The Energy usage on the midium and low voltages (a piaster / K.W.H)	
- 3/1 greater than 500 K W	
a) Industries with intensive consumption (Iron-Cement-Fertilizers-Aluminium-Copper - petrochemicals)*	35.8
b) Industries (flat glass - ceramics and porcelain)**	26.3
c) the rest of industrial sectors not included in the a, b**	25.5
d) The rest of subscribers	21.4
*Fixed monthly Installment for the actual recorded peak load (a pound/K W)	12.1
**Fixed monthly Installment for the actual recorded peak load (a pound/K W)	11.1
- 3/2 until 500 K W	
a) the agriculture and the land reclamation*	11.2
*fess Against the electricity consumption to the acre to the beneficiaries by the stations of the collective irrigation (a pound)	135.2
b) the rest of subscribers	25.0
4-Residential users (on monthly basis)	
1) 50 K.W.H The first monthly	5.0
2) 51 to 200 K.W.H The next	11.0
3) 201 to 350 K .W.H The next	16.0
4) 351 to 650 K.W.H The next	24.0
5) 651 to 1000 K.W.H The next	39.0
6) more than 1000 K.W.H	48.0
5-Commercial Users (on monthly basis)	
1) 100 K .W . H The first monthly	24.0
2) 101 to 250 K.W .H The next	36.0
3) 251 to 600 K.W.H The next	46.0
4) 651 to 1000 K.W.H The next	58.0
5) more than 1000 K.W.H	60.0
6 - the public lighting and the traffic lights (piaster/K. W . H)	41.2

Annexes

Annexe B

Société Tunisienne de l'Electricité et du Gaz — الشركة التونسية للكهرباء والغاز

Les tarifs d'électricité
(a compter du 01/06/2010) (Hors taxes)

Niveau tension : BT

Tarifs		Redevance		Prix de l'énergie (1) (4) (mill/kWh)			
		Abonnement (mill/ab-mois)	Puissance (mill/kW/mois)	Jours	Pointe	Soir	Nuit
Tranche économique (1 et 2 kVA et <= 50 kWh/mois) accordé uniquement aux clients résidentiels		-	200 (3)		75		
Tranche économique 1 et 2 kVA) (5)	1 à 50 kWh/mois	-	200 (3)		92		
	51 kWh/mois et plus	-	200 (3)		133		
Tranche normale > 2 kVA	1 à 300 kWh/mois	-	200 (3)		133		
	301 kWh/mois et plus	-	200 (3)		186		
Eclairage public		-	500 (3)		170		
Chauffe-eau (2)		500	-	170	Effacement		170
Chauffage et climatisation (2)		-	200 (3)		186		
Irrigation	Uniforme (2)	300	200 (3)		105		
	Trois Postes horaires	1 000	-	88	133	NA	83

- mill = millime Tunisien
- DT = Dinar Tunisien
- ab = Abonnement
- TVA = Taxe sur la Valeur Ajoutée
- NA = Non Applicable

(1) La TVA est à appliquer aux taux de :
- 18 % sur toutes les redevances et sur le prix d'énergie (hors taxes) des usages autres que domestiques et irrigation.
- 12 % sur le prix de l'énergie (hors taxes) des usages domestiques et irrigation.

(2) Ce tarif n'est plus accordé
(3) (mill/kVA - mois)
(4) À majorer de la surtaxe municipale : 3 mill/kWh
(5) si la consommation dépasse 50 kWh/mois.

Annexes

Annexe C

Agence Nationale pour la Maîtrise de l'Énergie

PLAN SOLAIRE TUNISIEN

Tunis, 11 décembre 2009

*Benaïssa AYADI,
Directeur Général, ANME*

Annexes

Annexe D

LE SECTEUR DE L'EAU EN EGYPTE : ENJEUX ET ENSEIGNEMENTS

Présentation des enjeux du secteur

Un bon taux de desserte pour l'eau, mais une situation dégradée pour l'assainissement

Le gouvernement égyptien a réalisé des progrès très importants dans le secteur de l'eau et de l'assainissement dans les dernières décennies, investissant près de 26 milliards de dollars entre 1977 et 2006 (non compris les dons des bailleurs), ce qui a permis d'atteindre des taux de couverture excellents en dépit d'une forte croissance de la population :

- pour l'eau potable : un taux d'accès de près de 100 % sur l'ensemble du pays (le récent Plan d'urgence de 2007-2008 a permis de gagner les quelques pourcentages résiduels en milieu rural). Cela correspond à une capacité de traitement d'eau potable multipliée par 5 entre 1981 et 2007, équivalente à près de 26 million m³/jour, soit environ 300 l/personne/jour. De très grandes disparités demeurent néanmoins entre les milieux urbains et ruraux. Si l'approvisionnement en eau est de bonne qualité en milieu urbain, l'approvisionnement en milieu rural dépend encore beaucoup de puits traditionnels et la qualité de l'eau est loin d'être assurée.

- pour l'assainissement : la situation est plus dégradée et constitue l'enjeu majeur pour l'Egypte, tant en termes d'accès que de traitement des eaux usées collectées. Selon le programme de suivi de l'OMS, le taux global d'accès à un système d'assainissement basique est passé de 54 % à 70 % entre 1990 et 2004. L'assainissement collectif dessert 68 % de la population en milieu urbain et 13% en milieu rural. Le taux de traitement des eaux usées reste faible (la capacité de traitement en 2007 n'est que de 11 M m³/j). La situation est particulièrement préoccupante dans le Delta du Nil, qui compte environ un tiers de la population égyptienne, avec une densité exceptionnellement élevée. En effet, d'une part, la pollution des eaux des deux branches du Nil et du système de canaux d'irrigation par les eaux usées (la plupart des rares stations de traitement des eaux usées situées dans le Delta du Nil ne fonctionnent pas de façon satisfaisante) y a des conséquences très directes : elle menace la pérennité de l'agriculture intensive du Delta et la production d'eau potable ; elle a aussi un impact négatif sur l'état sanitaire de la population, et menace l'écosystème des lacs du Nord du Delta. D'autre part, les systèmes d'assainissement autonomes généralement utilisés en milieu rural (fosses) ne sont pas appropriés en raison du niveau de la nappe phréatique.

Le lourd héritage d'une organisation sectorielle peu efficace

Historiquement, le secteur a été caractérisé par une division entre d'une part, la planification et la réalisation d'infrastructures – effectuées par une ou des agences dépendant du Ministère de l'Habitat – et d'autre part, l'exploitation des services – effectuée par les Gouvernorats. Jusqu'en 2004, le service de l'eau potable était assuré par des entités administratives dépendant des gouvernorats. La programmation et la réalisation des investissements relevaient, en dehors du Caire et d'Alexandrie, d'un établissement public à caractère administratif sous tutelle du Ministère de l'Habitat, des Utilités et du Développement Urbain (MHUUD), le NOPWAD (*National Organization for Potable Water and Sanitary Drainage*). Pour le Caire et Alexandrie, cette fonction était assurée par un autre établissement, le CAPWO (*Cairo and Alexandria Potable Water Organization*). Le service dépendait largement du budget de l'Etat, y compris pour les frais de fonctionnement, en

Oui, je veux morebooks!

I want morebooks!

Buy your books fast and straightforward online - at one of the world's fastest growing online book stores! Environmentally sound due to Print-on-Demand technologies.

Buy your books online at
www.get-morebooks.com

Achetez vos livres en ligne, vite et bien, sur l'une des librairies en ligne les plus performantes au monde! En protégeant nos ressources et notre environnement grâce à l'impression à la demande.

La librairie en ligne pour acheter plus vite
www.morebooks.fr

SIA OmniScriptum Publishing
Brivibas gatve 1 97
LV-103 9 Riga, Latvia
Telefax: +371 68620455

info@omniscriptum.com
www.omniscriptum.com

Printed by Books on Demand GmbH, Norderstedt / Germany